Die 12 Gedanken zur Energie

Entwürfe für die Zukunft – Band 2

Inhaltsübersicht

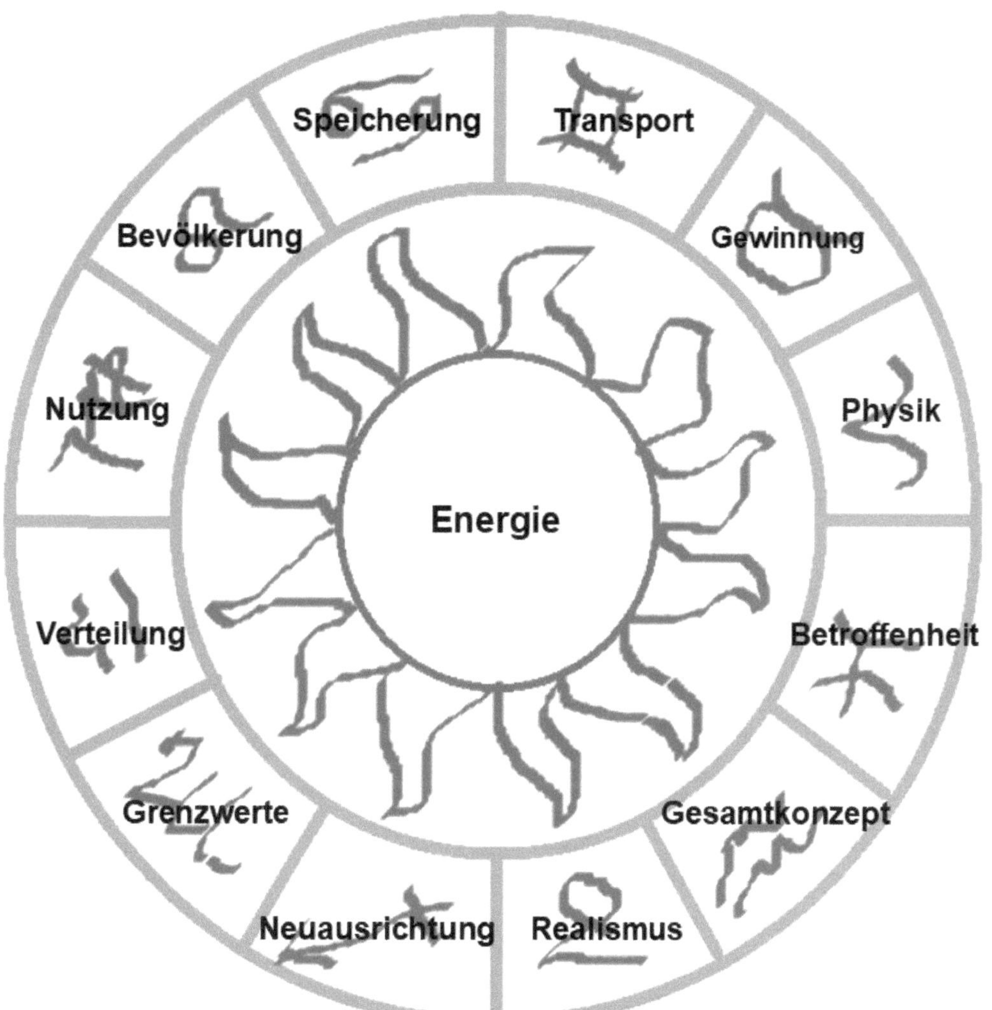

Warum 12?

Alle Bücher dieser Reihe haben genau 12 Kapitel – was sich ja auch in den Titeln dieser Bücher widerspiegelt. Warum?

In diesen Büchern wird der Tierkreis als Matrix von 12 verschiedenen Sichtweisen auf die Welt verwendet, um das Thema des Buches möglichst umfassend in 12 Kapiteln zu betrachten. Dadurch wird eine ausgewogenere, umfassendere und tiefere Einsicht in das jeweilige Thema erlangt als es ohne ein solches Raster, ohne eine solche Matrix möglich wäre.

Der Tierkreis wird in dieser Buch-Reihe als Forschungs-Hilfsmittel benutzt, durch das die Einseitigkeiten in der Betrachtung zumindest vermindert werden können. Weiterhin werden durch dieses Vorgehen diese 12 Sichtweisen auch als Ergänzungen zueinander, als organische Teile eines Ganzen deutlich.

Die Inspiration zu diesem Vorgehen stammt aus Hermann Hesses Roman „Das Glasperlenspiel", für das er 1946 den Literatur-Nobelpreis erhielt. In diesem Roman beschreibt er die öffentlichen Darstellungen von Übersichten und Gesamtbetrachtungen, die mithilfe von verschiedenen allgemeinen Strukturen wie z.B. dem Ba Gua aus dem chinesischen Feng-Shui angefertigt und aufgeführt werden.

Diese Buch-Reihe ist ein Versuch, Hesse's Idee im ganz Kleinen konkret zu verwirklichen.

Die Blickwinkel der 12 Tierkreiszeichen sind:

♈	Widder:	Spontaner
♉	Stier:	Genießer
♊	Zwilling:	Neugieriger
♋	Krebs:	Familienmensch
♌	Löwe:	Egozentriker
♍	Jungfrau:	Handwerker
♎	Waage:	Schöngeist
♏	Skorpion:	Tiefgründiger
♐	Schütze:	Idealist
♑	Steinbock:	Realist
♒	Wassermann:	Theoretiker
♓	Fische:	Träumer

1. Physik

♈

Energie ist schlicht gesagt gespeicherte Kraft. Ein Apfel erlangt Energie, wenn man ihn vom Fußboden aufhebt und auf den Tisch legt; um Holzhacken zu können, muß man zuvor essen; um mit dem Auto fahren zu können, muß man vorher tanken; das Sonnenlicht enthält Energie, mit der es wärmen kann; ein rollender Ball enthält Energie – folglich muß man Kraft aufwenden, um ihn zu stoppen; usw.

Es hilft für das Verständnis der „Energie", wenn sie zunächst einmal mit „Kraft", „Impuls", „Wirkung" und noch einigen anderen physikalischen Größen vergleicht.

Wem solche physikalischen Unterscheidungen jedoch nicht liegen, kann die folgende Aufzählung auch überspringen – der Rest des Buches ist auch ohne sie verständlich.

- Die <u>Masse</u> („m") ist die Substanz eines Gegenstandes. Sie wird in „kg" gemessen. Die Masse ist einem abgeschlossenen System, in dem nichts von außen hinzukommt und nichts nach außen entweichen kann, konstant (sofern die Masse nicht wie z.B. in einem Kernkraftwerk in Energie verwandelt wird).

- Ein <u>Weg</u> („s") ist eine Entfernung. Sie wird meistens in Metern („m") gemessen.

- Die <u>Zeit</u> („t") wird in Sekunden („sec") gemessen.

- Eine <u>Geschwindigkeit</u> („v") ist die Strecke („s"), die innerhalb einer bestimmten Zeit zurückgelegt wird. Die wird daher in Weg pro Zeit, also als „v=s/t" gemessen.

- Wenn eine Masse („m") eine bestimmte Geschwindigkeit („v") hat, hat sie einen <u>Impuls</u> („p"), also einen Schwung. In einem abgeschlossenen System bleibt die Summe der Impulse gleich („Impulserhaltungssatz").

- Ein Impuls (p), der über einen bestimmte Strecke (s) wirkt, wird mit dem englischen Wort „action" bezeichnet. Er kommt in der klassischen Mechanik nicht vor, aber ist eine wichtige Größe in der Quantenphysik.

- Geschwindigkeiten können sich verändern – sowohl beschleunigen als auch verlangsamen. Diese Veränderung der Geschwindigkeit wird „<u>Beschleuni-gung</u>" („a") genannt. Sie ist eine Veränderung der Geschwindigkeit innerhalb einer bestimmten Zeit, also Geschwindigkeit/Zeit. Ihre Größe ist daher a=v/t bzw. wenn man „v" als s/t ausschreibt: a=s/t·t.

- Eine <u>Kraft</u> („F") ist eine Handlung o.ä., die etwas verändert. Wenn man z.B. auf einen Fahrrad sitzt und in die Pedalen tritt, bewegt man die Masse des Fahrrades und die Masse des eigenen Körpers, d.h. man beschleunigt sie vom Stillstand auf eine bestimmte Geschwindigkeit. Daraus ergibt sich das Maß für die Kraft als „Masse · Beschleunigung". Die physikalische Formel lautet daher „F= m·a" oder ausführlicher geschrieben „F=m·s/t·t"

- Die nächste interessante Größe ist die <u>Energie</u>. Sie ergibt sich daraus, dass eine Kraft über einen bestimmten Zeitraum hinweg angewandt wird, also z.B. ein Stein einen Berg hinaufgetragen wird. Eine Energie ist daher „Kraft mal Zeit": E= F·t. Ausführlich geschrieben wäre dies dann E=m·s·s/t·t. Da „s/t" eine Geschwindigkeit („v") ist, kann man dafür auch „E=m·v·v" oder E=m·v^2" schreiben.

Diese allgemeine Formel „E=m·v^2" hat Albert Einstein zu „E=m·c^2" umgewandelt und damit die Verwandlung von Masse in Energie beschrieben.

In einem abgeschlossenen System bleibt die Summe der Impulse gleich („Energieerhaltungssatz").

- Nun ist noch eine letzte Größe interessant: Die <u>Wirkung</u>. Sie entsteht, wenn eine Energie über eine bestimmte Zeit hinweg wirkt, also wenn z.B. Sonnenlicht (Energie) eine Stunde lang auf einen Felsen scheint und ihn dadurch erwärmt. Die Wirkung ist also eine „Energie mal Zeit". Physikalisch geschrieben ist dies dann „W=E·t" oder ausgeschrieben „W=m·s·s·t/t·t", was man zu „W=m·s·s/t" vereinfachen kann.

Nun sind physikalische Formeln ja nicht jedermanns Sache. Man kann Masse, Impuls, Kraft, Energie und Wirkung jedoch auch bildlich anhand von Beispielen verstehen.

- Ein Ball hat eine bestimmte <u>Masse</u>, die man vereinfacht gesagt sein Gewicht nennen könnte. Er könnte z.B. 2kg wiegen.

- Wenn man den Ball rollen lässt, hat er einen bestimmten Schwung. Er rollt z.B. mit 2m pro Sekunde, also mit einer Geschwindigkeit von 2m/sec. Dies ist sein <u>Impuls</u>.

- Um diesen Ball aus der Ruhelage in diese Bewegung zu bringen, muß eine Zeitlang Kraft aufgewendet werden, damit der Ball auf die 2m/sec beschleunigt wird. Diese <u>Kraft</u> ergibt sich aus der Masse (Gewicht) des Balls und aus der Geschwindigkeit, die er schließlich erreicht.

- Nun rollt der Ball mit 2m/sec über den Fußboden. In ihm ist nun auch die Kraft enthalten, die aufgewendet wurde, um ihn auf diese Geschwindigkeit zu beschleunigen. Sie ist nun zu einer <u>Energie</u> in diesem Ball geworden. Durch die Kraft von dem, der diesen Ball angestoßen hat, ist die Energie aus dem Arm des Betreffenden in den Ball übertragen worden.

- Wenn der Fußboden schräg sein sollte, wird der Ball nur eine bestimmte Strecke bergauf rollen und dann liegenbleiben oder zurückrollen. Der Weg, den der Ball diese schräge Fläche hinauf gerollt ist, ist die <u>Wirkung</u>.

Für die folgenden Betrachtungen ist vor allem wichtig, Energie als „gespeicherte Arbeit" oder als „Möglichkeit, eine Wirkung auszuüben" zu verstehen.

Diese Energie, also diese „gespeicherte Arbeit", kann hauptsächlich in fünf verschiedenen Formen vorliegen:

- als <u>reine Energie</u>, d.h. als Licht (elektromagnetische Welle),

- als <u>Wärme</u>, d.h. als Zustand (Schwingung) einer Masse;

- als <u>Bewegung einer Masse</u> („kinetische Energie");

- als <u>Lage einer Masse</u> („potentielle Energie") – so hat z.B. ein Stein auf dem Dach eine höhere Energie als der Stein unten vor der Hausmauer, da man Energie benötigt, um den Stein nach oben zu tragen, und da der Stein ein Loch in Boden schlagen kann, wenn er herunterfällt;

- als <u>chemische Energie</u> z.B. in einem Mittagessen, das einen stärkt, oder im Benzin, das ein Auto antreibt.

Sobald man irgendeine Veränderung hervorrufen will, braucht man dafür eine dieser Formen von Energie – ohne Energie keine Kraft. Aus diesem Grund ist die Versorgung mit ausreichender Energie für alle Produktions- und Wirtschaftsprozesse und allgemein für die Menschen so wichtig.

Ganz fundamental gesagt brauchen wir Menschen (und auch alle Tiere und Pflanzen und Pilze) Nahrung als Energiequelle, da wir sonst verhungern würden. Wir nehmen durch die Nahrung Energie auf und können uns daher weiterhin bewegen. Jedes lebendige System, dem von außen her keine Energie mehr zugeführt wird, kommt früher oder später zum Stillstand und stirbt.

Diese Feststellung führt natürlich zu der Frage, woher eigentlich die Energie auf der Erde kommt. Sie hat zwei Quellen:

- die Wärme in der Erde, die zum kleinen Teil noch aus der Entstehungszeit der Erde stammt, und zum anderen durch radioaktive Zerfallsprozesse;
- das Sonnenlicht.

Dieses Sonnenlicht wird auf vielfältige Weise weiterverwandelt:

- Das Sonnenlicht wird von den Pflanzen mit ihren Blättern aufgenommen und in chemische Energie umgewandelt.
- Die Tiere fressen Pflanzen und nutzen die in den Pflanzen enthaltene chemische Energie.
- Die Pilze zersetzen vor allem abgestorbene Pflanzen und Tiere und ernähren sich von der Energie in ihnen.
- Abgestorbene Pflanzen und Tiere haben sich zu Kohle, Erdöl und Erdgas umgewandelt.
- Das Sonnenlicht lässt den Wind entstehen.
- Das Sonnenlicht lässt die Wolken, den Regen, die Flüsse und die Meeresströmungen entstehen.
- Der Mensch isst Pflanzen, Tiere und Pilze und verwendet Kohle, Erdöl und Erdgas sowie Wind und Wasser als Energiequelle.

Die Energie, die von der Sonne auf die Erde gelangt, ist 10.000-mal größer als der Energiebedarf der Menschen. Das Potential der Photovoltaik ist daher weitaus größer als das Potential aller anderen regenerativen Energie zusammen. Daher hat die Photovoltaik auch von allen regenerierbaren Energien das größte Wachstumspotential.

Eine weitere Energiequelle sind die radioaktiven Elemente Uran und Plutonium. Die schweren Elemente – alle außer Wasserstoff und Helium – sind im Verlauf der Entstehung des Weltalls in Sonnen, in Supernovas und anderen Vorgängen, in denen eine extreme Hitze herrschte, entstanden.

Wenn man Elemente mit kleinen Atomkernen zusammenfügt – wie z.B. Wasserstoff zu Helium wie in der Sonne – gewinnt man Energie. Wenn man hingegen Elemente mit großen Atomkernen zu Elementen mit noch größeren Atomkernen zusammenfügen will, muß man dafür Energie aufwenden.

Die Grenze zwischen den Elementen, die man noch mit einem Energiegewinn zusammenfügen kann, und den Elementen, bei denen man für das Zusammenfügen Energie aufwenden muß, ist das Eisen, das daher das stabilste Element ist. Wenn man Eisen-Atomkerne spalten will, muß man Energie aufwenden, und wenn man Eisen-Atomkerne vereinen will, muß man ebenfalls Energie aufwenden. Eisen ist daher das stabilste aller Elemente – weshalb sich alles in unserem Weltall letztlich in Eisen verwanden wird.

In normalgroßen Sonnen (so wie „unsere" Sonne) werden nur die kleinen Atomkerne von Wasserstoff und Helium zu größeren Elementen verschmolzen, wodurch die Hitze und das Sonnenlicht entstehen. Dies ist der Vorgang, der auch bei der Kernfusion nachgebaut werden soll.

Die schwereren Elemente mit den großen Atomkernen können hingegen nur da entstehen, wo sich gerade Energie im Überschuss befindet, also z.B. in einem explodierenden Stern („Supernova"). Dort bilden sich die großen Atomkerne wie z.B. Uran, die dabei einen Teil der Energie in diesen explodierenden Sternen speichern. Diese Energie wird dann später bei der Kernspaltung von Uran wieder frei. Die Kernspaltungs-Energie stammt folglich aus der Zeit, bevor unser Sonnensystem entstanden ist – das Uran und das Plutonium haben sich einst in einem explodierenden Stern gebildet und sind dann als Sternenstaub durchs Weltall getrieben bis sich schließlich aus diesem Sternenstaub u.a. unser Sonnensystem gebildet hat.

Zum Abschluss dieses Kapitel noch eine kleine kosmologische Betrachtung: In dem heutigen physikalischen Weltbild ist die Welt letztlich eine Einheit. Sie ist auf der „untersten" Stufe (also ganz weit „innen" im ganz Kleinen) die Raumzeit, die ein Kontinuum ist, also ein „Etwas" das unbegrenzt und ungeteilt ist.

Diese Raumzeit weist die berühmten „Raumkrümmungen" auf, die dann als die Energiequanten erscheinen. Die Energie ist also eine Form der Raumzeit – auch wenn das ziemlich abstrakt klingt. Man kann sich die Raumzeit wie ein großes Bettlaken vorstellen, an dem es viele Ausbeulungen gibt, die dann jeweils ein Energiequant, also in den meisten Fällen ein Photon („Licht-Teilchen") sind.

Diese Energiequanten formen dann wiederum entsprechend der berühmten Einstein'schen Formel „$E=mc^2$" aus der Energie die Materieteilchen wie Protonen, Neutronen und Elektronen.

Aus diesen Materieteilchen bestehen schließlich alle chemischen Elemente, aus denen wiederum unsere ganze Welt besteht.

Diese abschließende Betrachtung zu der Energie hat für die folgenden Kapitel keine große Bedeutung, aber sie stellt die Energie innerhalb unserer Welt klarer an den Platz, an den sie gehört:

(Einheit) – Raumzeit – Energie – Materie – (Vielheit)

2. Gewinnung

Im Laufe der Zeit haben die Menschen viele Arten von Energiequellen erschlossen und sie auf verschiedene Weisen genutzt. Sie sind im Folgenden ungefähr in der historischen Reihenfolge, in der sie nutzbar gemacht worden sind, angeführt.

1. Nahrung

Die älteste Form der Energiebeschaffung ist das Essen, das dann im Körper u.a. in Muskelkraft umgesetzt wird. Diese Muskelkraft ist die Grundlage für die Gewinnung aller anderen Energiearten, da dafür stets in irgendeiner Weise etwas physisch getan und erschaffen werden muß.

2. Heiße Quellen

Heiße Quellen wurden schon seit sehr langer Zeit zum Baden und Kochen benutzt – vermutlich auch schon in der Altsteinzeit. Solche Quellen sind auch bei Affen und anderen Tieren beliebt.

3. Holz

Vor frühestens 700.000 Jahren, spätestens vor 400.000 Jahren haben die damaligen Menschen das Feuer entdeckt und sich nutzbar gemacht. Dadurch wurde das trockene Holz, das man verbrannte, zu dem ersten „extern verwendeten Energieträger", also einem Energieträger, den man nicht als Nahrung verwendete.

4. Segelflöße

Bereits um 50.000 v.Chr., also zu Beginn der Spät-Altsteinzeit, setzten die Bewohner von Südostasien über Landbrücken und schmale Meeresarme nach Australien über. Die Meeresarme, die sie damals überqueren mussten, waren so schmal, dass man das gegenüberliegende Ufer in der Ferne noch gerade sehen konnte. Diese Vorfahren der Aborigines benutzten dafür Flöße. Ob sie neben Rudern auch bereits Segel aus Tierfellen benutzt haben, lässt sich wahrscheinlich nicht mehr sicher feststellen.

Die ersten sicher durch bildliche Darstellungen nachgewiesenen Segelschiffe stammen aus Ägypten aus der Zeit um 5000 v.Chr. Diese ägyptischen Schiffe werden jedoch mit Sicherheit nicht die ersten Segelschiffe gewesen sein, die jemals gebaut wurden – sie sind nur die ersten, die bildlich dargestellt worden sind.

5. Talg-Lampen

Frühestens um 70.000 v.Chr., spätestens um 51.000 v.Chr., also in der späten Altsteinzeit, wurde die Entdeckung gemacht, dass man talghaltige Knochen bzw. mit Talg (Tierfett) gefüllte Röhrenknochen als „Kerzen" benutzen kann. Mit diesen „Knochenkerzen" wurden u.a. die Höhlen beleuchtet, in der die Steinzeitmenschen ab ca. 51.000 v.Chr. die Höhlenmalereien angefertigt haben.

6. Arbeitstiere

Um 8500 vor Chr., also in der Mittleren Jungsteinzeit, wurde in Mesopotamien die Viehzucht erfunden. Damals experimentierte man dem Halten der verschiedensten Tierarten. Man züchtete u.a. auch Esel, Pferde und Rinder, die man auch als Tragtiere und später nach der Erfindung des Rades um 3200 v.Chr. in Mesopotamien auch als Zugtiere verwendete. Damit wurden diese Tiere auch zu einer Energiequelle, die man für den Transport, für den Ackerbau (Pflug ziehen) und für das Drehen von großen Mühlsteinen (Mehl mahlen) nutzen konnte. Später wurden z.B. in Indien auch Elefanten als Arbeitskräfte verwendet. Von den Germanen und den Kelten sind Hirsche als Zugtiere vor ein- oder zweiachsigen Wagen bekannt.

7. Pflanzenöl-Lampen

Um 8500 vor Chr., also in der Mittleren Jungsteinzeit, wurde in Mesopotamien auch der Ackerbau erfunden. Um 2500 v.Chr. wurde in Südindien das erste Mal Reis angebaut. Daraus ergab sich die Möglichkeit, Sesamöl zu pressen und zu entdecken, dass dieses Öl brennbar war und dass man mit ihm Öllampen betreiben kann.

8. Sklaven

Die Viehzüchter erkannten schon bald – spätestens die indogermanischen Skythen um 3000 v.Chr. in der südrussischen Steppe – dass man nicht nur Rinder und Pferde und Esel als Arbeitstiere verwenden konnte, sondern dass man auch die Männer und Frauen des Nachbarstammes fangen und zur Arbeit zwingen konnte. Auf diese Weise wurde die Sklaverei gewissermaßen als „Ausdehnung der Prinzipien der Viehzucht auf die Menschen" erfunden. Die Sklaverei wurde aber unabhängig von den Indogermanen auch in China und in Mittelamerika „erfunden".

9. Wasserpumpwerke

Die Ägypter entwickelten für die Bewässerung der Felder das Schöpfrad. Dieser Apparat bestand zum einen aus einem Rad, das wie bei einer Wassermühle durch das fließende Wasser des Nils angetrieben wurde, und zum anderen aus kleinen Eimern an diesem Rad, die Wasser aus dem Nil aufnahmen und es dann in eine Wasserleitung entleerten, die das Wasser dann zu den Feldern leitete.

Diese Art von Schöpfwerk wurde vermutlich zwischen 1000 und 500 v.Chr. erfunden.

10. Erdöl

Das Petroleum (petra oleum = Steinöl) wurde um 600 v.Chr. von den Chinesen entdeckt und in Bambus-Pipelines transportiert. Im Westen wurde das Petroleum, das heute meistens „Erdöl" genannt wird, das erste Mal um 1856 in Niedersachsen gefördert und drei Jahre später, also um 1859, auch von Edwin Drake in Pennsylvania im Osten der USA.

Erdöl entstand vor 70 Millionen Jahren ähnlich der Kohle aus abgestorbenen Wasserpflanzen und Wassertieren. Erdöl lässt sich in der chemischen Industrie vielfältiger verwenden als Kohle.

11. Wassermühlen

Die erste von einem Wasserrad betriebene Getreide-Mühle wurde um 300 v.Chr. in China errichtet.

12. Wasser-Sägemühle

Um 250 v.Chr. wurde von den Römern in Kleinasien das erste von einem Wasserrad betriebene Sägewerk erbaut.

13. Schwarzpulver

Das Schießpulver, das aus Salpeter, Holzkohle und Schwefel besteht, ist um 1044 n.Chr. in China erfunden worden. Mit ihm wurden sowohl Schusswaffen als auch Bomben konstruiert.

Diese und ähnliche Sprengstoffe wie Dynamit, Nitroglyzerin und TNT kann man zwar auch im weiteren Sinne zu den Energiequellen zählen, aber da sie fast nur für kriegerische Zwecke verwendet werden, werden sie in dieser Betrachtung nicht detailliert aufgeführt.

14. Windmühlen

Die ersten Windmühlen sind aus der Zeit von 1180 in Europa bekannt. Die erste Windmühle in Deutschland stand in Köln, das damals die größte deutsche Stadt gewesen ist. In diesen Mühlen wurde Mehl gemahlen. Hier war der Wind die Energiequelle.

15. Kohle

Kohle wurde das erste Mal um ca. 1200 n.Chr. in Europa als Brennmaterial verwendet. Im großen Stil begann der Kohleabbau jedoch erst während der industriellen Revolution ab ca. 1820.

Die heutige Kohle ist aus Holz und Pflanzenresten entstanden, die vor 300 Millionen Jahren in feuchtem Boden zunächst zu Torf, dann zu Braunkohle und schließlich zu Steinkohle wurden – manchmal (bei sehr hohem Druck) auch zu Anthrazit oder Graphit. Kohle ist somit – vereinfacht gesagt – sehr altes und stark zusammengepresstes Holz.

16. Fernwärme

Das erste Fernwärme-System wurde um 1300 in der französischen Stadt Chaudes-Aiges („Heißwasser") im südlichen Zentralfrankreich mithilfe von ca. 30 heißen Quellen und hölzernen Rohren, in denen das Wasser zu den Häusern floss, errichtet.

1892 wurde die US-Stadt Boise in Idaho mithilfe von zwei geothermischen Brunnen beheizt.

17. Erdgas

Erdgas war schon in der Antike bekannt, da es bei Vulkanausbrüchen ausströmt. Die erste Förderung von Erdgas fand in Europa 1844 nach dem Fund von Erdgas auf dem Gelände des Wiener Ostbahnhofs statt.

Erdgas kann wie Kohle und Erdöl als Brennstoff verwendet werden. Erdgas entsteht zusammen mit Erdöl – es ist der gasförmige Anteil, der bei der Ver-wandlung der toten Tiere und abgestorbenen Pflanzen unter hohem Druck entsteht. Erdgas besteht vor allem aus Methan (CH_4).

Erdöl erzeugt bei seiner Verbrennung weniger CO_2 als Kohle. Erdgas erzeugt zwar noch weniger CO_2 als Kohle und Erdöl und enthält auch deutlich weniger Schwefel, aber das bei der Förderung und bei der Verbrennung entweichende Methan ist selber ein sehr starkes Treibhausgas.

18. Windkraftanlagen

Windräder werden wie Windmühlen durch den Wind in Rotation versetzt und treiben einen Generator an, der wiederum Strom erzeugt. Sie sind sehr günstig in der Anschaffung und rentieren sich meistens bereits innerhalb weniger Monate und spätestens in einem Jahr. Zudem dreht sich immer ein großer Teil der Windräder, da es keine großräumigen Windstillen gibt.

Die erste Windkraftanlage zur Stromerzeugung wurde 1883 im Wiener Prater (ein weitläufiges Park- und Naturgelände) errichtet.

19. Wasserkraftwerke

Wasserkraftwerke benutzen schnell fließendes Wasser zum Antreiben von Turbinen, die elektrischen Strom erzeugen. Dafür werden in der Regel „künstliche Wasserfälle" an einer Staumauer verwendet. Da dafür die passenden Täler und Flüsse benötigt werden, ist diese Form der Energiegewinnung recht begrenzt.

Das erste Wasserkraftwerk wurde 1895 in den USA an dem Fluss Niagara in Betrieb genommen.

20. Sonnenwärmekraftwerke

Bei diesem Verfahren, das 1907 zum Patent angemeldet wurde, wird mithilfe von Spiegeln Sonnenlicht auf einen Wasserbehälter gelenkt, in dem das Wasser daraufhin zu kochen beginnt. Der aufsteigende Dampf treibt dann eine Turbine an, die Strom erzeugt.

Mittlerweile sind Photovoltaikanlagen jedoch effektiver in der Stromerzeugung durch Sonnenlicht als diese „Sonnenlicht-betriebenen Dampf-Turbinen".

21. Erdwärme

Bei diesem Verfahren, das auch „Geothermie" genannt wird, wird die Wärme im

Inneren der Erde genutzt. In ihrer Mitte ist die Erde ca. 6000°C heiß. Auch die äußeren Schichten sind noch so heiß, dass 99% der Erde über 1000°C heiß sind. Lediglich die äußeren 0,1% der Erde sind unter 100°C heiß. Durch diese innere Hitze der Erde ist die Durchschnittstemperatur auf der Erdoberfläche trotz der Kälte von bis zu -273°C im Weltall an den meisten Orten zwischen 0°C und 50°C warm – also ca. 250° wärmer als im Weltall rings um die Erde.

Um die Wärme im Erdinneren zu nutzen, werden Röhren in die Erde gebohrt, die zwischen 400m und 5km tief ins Erdinnere reichen. Da die Temperatur in der äußeren Schicht der Erde pro 100m um 3°C zunimmt, ist es in 400m Tiefe 12° wärmer als an der Oberfläche und in 5km Tiefe immerhin schon 150° wärmer als an der Oberfläche. An manchen Orten steigt die Temperatur jedoch auch schneller an, wenn man in die Tiefe bohrt.

Für die Nutzung der Erdwärme benötigt man mindestens zwei Röhren: In einer Röhre wird Wasser nach unten gepumpt, wo es erhitzt wird, und in der anderen Röhre steigt es wieder auf. Dieses erhitzte Wasser kann man dann nutzen, um es als Fernwärme für Haushalte zu verwenden oder um eine Dampfturbine anzutreiben.

Das erste Geothermie-Kraftwerk wurde 1911 in Larderello in Italien errichtet.

22. Eiskraftwerk

Nach demselben Prinzip kann auch an den Polen der Wärmeunterschied der Luft über dem Eis (-22°C oder kälter) und die Temperatur des Wassers unter dem Eis (ca. 3°C) für ein Eiskraftwerk verwendet werden, das wie das Meereswärmekraftwerk funktioniert.

Dieses Verfahren, das 1931 von Dr. Barjot entwickelt wurde, ist bisher noch nicht als Kraftwerk umgesetzt worden.

23. Photovoltaik

Bei dieser Technik wird wie in den Blättern der Pflanzen Sonnenlicht in Strom umgewandelt. In den Blättern übernimmt das Chlorophyll diese Aufgabe, in den Sonnenkollektoren die Solarzellen, die aus kristallinem Silizium bestehen.

Das Funktionsprinzip der Solarzellen ist 1948 entdeckt worden und 1958 für die Energieversorgung eines Satelliten angewendet worden. Seit der Ölkrise 1973 ist diese Technik weiterentwickelt worden, doch sie ist erst seit 1992 in größerem Stil genutzt worden. Solarzellen rentieren sich bereits nach wenigen Jahren und erfordern lediglich ein wenig Wartungsarbeit.

24. Kernkraft

Bei der Kernkraft wird in Atomkraftwerken (AKW's) Uran oder Plutonium durch Beschuss mit Neutronen gespalten, wobei dann z.B. Barium und Strontium entstehen, die deutlich kleinere Atomkerne haben. Bei diesem Prozess wird ein Teil der Bindungsenergie frei, die vorher den Atomkern des Urans bzw. Plutoniums zusammengehalten hat. Diese freiwerdende Energie liegt dann als Hitze vor, mit der Wasser erhitzt wird, dessen Dampf dann wiederum eine Turbine antreibt, die Strom erzeugt. Bei der Kernspaltung entsteht radioaktive Strahlung, die in hohem Maße krebserregend und in zu hoher Dosis tödlich ist.

Das Problem bei AKWs ist zum einen die Gefahr von Unfällen, bei denen radioaktive Strahlung oder radioaktive Teilchen freiwerden, und zum anderen, die z.T. Jahrtausende lang andauernde radioaktive Reststrahlung der Abfallprodukte bei der Kernspaltung, für die es keine sicheren Endlagerstätten gibt.

Das erste Kernkraftwerk stand in der Sowjetunion und lieferte ab 1954 Strom in das öffentliche Stromnetz.

25. Gezeitenkraftwerke

Ein Gezeitenkraftwerk wird an einer Staumauer in einer langgezogenen Bucht errichtet. In dieser Mauer befindet sich eine Turbine, die durch das durchströmende Wasser angetrieben wird und Strom erzeugt. Bei Flut fließt Wasser vom Meer in die langgezogene Bucht hinter der Staumauer – bei Ebbe fließt dieses Wasser von dem Staubecken hinter der Staumauer wieder in das Meer zurück. Dabei wird der Höhenunterschied des Wasserstandes von einigen Metern zwischen Ebbe und Flut ausgenutzt. Solche Kraftwerke sind nur an wenigen Stellen auf der Erde möglich.

Das erste Gezeitenkraftwerk wurde 1966 an der Mündung des Flusses Rance bei Saint-Malo an der Nordküste der französischen Bretagne errichtet.

26. Solarthermie

Bei dieser Technik wird kein Strom erzeugt, sondern Wasser in Sonnenkollektoren auf dem Dach durch das Sonnenlicht erwärmt und zum Heizen und für warmes Brauchwasser erwärmt. Dieses Verfahren ist zwar nur im Sommer effektiv, aber aufgrund der sehr geringen Kosten trotzdem rentabel.

Diese Technik wurde bereits 1891 zum Patent angemeldet, aber erst ca. 1975 während der Ölkrise zu einem rentablen Verfahren weiterentwickelt.

27. Aufwindkraftwerke

Bei diesen Kraftwerken, die bereits um 1903 erdacht, aber erst um ca. 1975 realisiert wurden, wird die Luft mithilfe des Sonnenlichtes in einem Turm erhitzt und steigt dann entweder durch den Turm oder durch einen umgekehrten Trichter nach oben,. In der Röhre dieses Trichters wird dann durch die aufsteigende Luft eine Turbine angetrieben. Die Hitze in dem Turm kann durch Spiegel, die das Sonnenlicht auf den Turm lenken, erhöht werden.

Die Energieausbeute ist deutlich schlechter als bei Photovoltaikanlagen, aber die Herstellung ist ebenfalls deutlich einfacher und billiger, weshalb auch diese Technik derzeit weiterentwickelt wird.

28. Meereswärme

Bei dieser Art von Kraftwerk wird der Temperatur-Unterschied zwischen dem Oberflächenwasser der Meere (0-50m Tiefe) und dem Tiefenwasser (600-1000m), der ca. 20° beträgt, zum Antreiben eines Generators verwendet. Das Problem mit dieser Form der Energiegewinnung besteht darin, dass dafür riesige Wassermengen bewegt werden müssen und Rohre von 10m Durchmesser benötigt werden.

Im Prinzip funktioniert dieses Verfahren – etwas vereinfacht dargestellt – ähnlich wie bei einem Kühlschrank, nur umgekehrt: Beim Kühlschrank wird durch Strom eine Wärmepumpe, die ein Kühlmittel enthält, betrieben, die Kälte erzeugt – bei Meereswärmekraftwerk wird durch die Kälte eine Wärmepumpe mit einem Kühlmittel betrieben, die Strom erzeugt.

1981 wurde in Japan das erste kleine Meereswärme-Kraftwerk gebaut, das mehr Strom erzeugte, als die Pumpen, die das Meerwasser in den Leitungen bewegten, verbrauchten.

1993-1998 wurde auf Hawaii ein kleines Meereswärme-Kraftwerk betrieben, das eine Generatorleistung von 210kW hatte und das zusätzlich entsalztes Wasser produzierte. Doch im Vergleich zu anderen ökologischen Energiegewinnungsmethoden ist dieses Verfahren, das die Meereswärme-Unterschiede benutzt, noch immer uneffektiv.

29. Biomasse

Unter „Biomasse" versteht man eine Vielzahl von verschiedenen, besonders energie-haltigen pflanzlichen Substanzen.

Diese Biomasse kann auf mehrere Weisen genutzt werden:

    - durch Verbrennung zur Wärmeerzeugung;

- durch Verbrennung zum Erhitzen von Wasser und zum Betreiben einer Dampf-Turbine;

- durch die Umwandlung mithilfe von Mikroorganismen in Biogas, das zum Heizen oder für Kraftwerke verwendet wird; und

- durch Umwandlung mithilfe chemischer Prozesse in Biodiesel oder Alkohole.

Am effektivsten ist dieses Verfahren, wenn dabei landwirtschaftliche Abfallprodukte verwendet werden, die sowieso anfallen und nicht anderweitig verwendet werden können wie z.B. Stroh oder tierische Exkremente. Aufgrund dieser nur begrenzt zur Verfügung stehenden Ausgangsstoffe lässt sich dieses Verfahren nicht im großen Stil verwenden, sondern nur als Ergänzung zu anderen Verfahren der Energiegewinnung.

30. Müllverbrennung

Das Konzept der Müllverbrennung wurde bereits um ca. 1900 entworfen, doch erst gegen 2000 aufgrund der immer größeren Müllberge auch umgesetzt. Dabei wird vor allem der Hausmüll verbrannt und so Fernwärme für die Haushalte oder Strom erzeugt. Die bei der Verbrennung anfallende Asche und Schlacke hat ein deutlich geringeres Volumen als der Müll und kann daher leichter deponiert werden.

Bei dieser Verbrennung wird jedoch CO_2 freigesetzt, weshalb dieses Verfahren nicht als ökologische Energiegewinnung gelten kann – es ist lediglich eine Notlösung für den Umgang mit den Müllbergen. Das Recyceln oder noch besser das Vermeiden von Müll ist weitaus sinnvoller als das Verbrennen von Müll.

31. Luftdruck-Wellenkraftwerk

Im Jahr 2000 wurde in Portugal das erste Wellenkraftwerk errichtet, das jedoch nur 4% des erwarteten Stroms erzeugte.

Diese Kraftwerke funktionieren wie Luftpumpen: Die Welle dringt durch ein Rohr in eine Kammer, in der das Wasser daraufhin ansteigt und die Luft in dieser Kammer unter Druck setzt. Mit diesem Luftdruck wird dann eine Turbine betrieben. Die Wellen ersetzen also – bildlich gesprochen – die Hand an der Luftpumpe.

Diese Art Kraftwerk befindet sich noch in der Entwicklungsphase.

32. Meeresströmungskraftwerk

Bei diesen Kraftwerken wird ähnlich wie bei einer Wassermühle an einem Fluss die Strömung des Meeres benutzt, um eine Turbine anzutreiben, die Strom erzeugt. 2003 wurde das erste Kraftwerk dieser Art im norwegischen Hammerfest in Betrieb genommen. Das größte Kraftwerk dieser Art befindet sich seit 2016 zwischen Schottland und den Orkney-Inseln.

Mittlerweile gibt es einige derartige Kraftwerke, die rentabel arbeiten. Schätzungen zufolge könnte mit diesem Kraftwerks-Typ, von denen es bisher jedoch erst ein gutes Dutzend gibt, bis zu 5% des weltweiten Energiebedarfs gedeckt werden.

Diese Art von Kraftwerk lässt sich natürlich auch in Flüssen einsetzen, wobei die Strömungen im Meer allerdings deutlich stärker sind.

33. Auftriebskörper-Wellenkraftwerk

2007 wurden in Kanada drei Versuchsanlagen durch Winterstürme zerstört, bei denen die Wellen in einer Kammer einen Schwimmer emporhoben, der wiederum durch eine Stange eine Turbine antrieb – so wie früher die Pleuelstange bei den Dampfloks oder heute bei den Automotoren. Diese Pleuelstangen übersetzen die hin- und zurück-Bewegung, die durch den Dampf in dem Kessel der Lok, die Explosion des Benzins im Motor oder die das Auf und Ab der Wellen entsteht, in eine kreisförmige Bewegung.

Diese Art Kraftwerk befindet sich noch in der Entwicklungsphase.

34. Osmose-Kraftwerk

Wenn Süßwasser und Salzwasser furch eine dünne Membran getrennt werden, dringt Süßwasser zur Salzwasserseite hinüber, da das Wasser den Drang hat, die Salz-Ionen in dem Wasser gleichmäßig zu verteilen. Dieser Vorgang wird als „Osmose" bezeichnet. Da durch diesen Effekt Wasser aus dem Süßwasser-Becken in das Salzwasser-Becken gepumpt wird, steigt der Wasserstand in dem Salzwasser-Becken. Mit diesem höheren Wasserstand kann man wiederum eine Turbine betreiben.

Dieses Verfahren wurde 1970 theoretisch entwickelt und wird seit 2009 in einem ersten Kraftwerk im Oslofjord in Norwegen erprobt. Bislang bestehen noch Schwierigkeiten mit der passenden Art von Membran zwischen dem Süßwasser und dem Salzwasser, doch es ist nicht ausgeschlossen, dass nach der Entwicklung einer besseren Membran dieses Verfahren rentabel werden könnte.

35. Methanhydrat

Methanhydrat ist Methangas (CH_4), das in Wasser eingebunden ist und dabei eine Art milchiges Eis bildet. Dieses Methanhydrat wurde das erste Mal 1971 im Schwarzen Meer entdeckt. Es entsteht als Abfallprodukt des Stoffwechsels von Mikroben.

Methanhydrat besteht aus einem Methan-Molekül, das bei ausreichender Kälte und ausreichendem Druck (die unten in den Ozeanen gegeben sind) Eiskristalle rings um das Methan-Molekül bildet. Diese Eiskristalle haben die Form eines Pentagon-Dodekaeders, also eine Form, die aus zwölf gleichseitigen Fünfecken besteht. In diesem winzigen „hohlen Eiskristall" ist das eine Methan-Molekül wie in einem Käfig aus zwanzig Wasser-Molekülen gefangen. Wenn die Temperatur steigt oder der Druck sinkt, schmilzt das Eis und das Methan wird freigesetzt.

Wenn man eine Flamme an das Methanhydrat hält, beginnt dieses Eis zu brennen, d.h. das Methan brennt und das Eis schmilzt.

Inzwischen wurde diese Substanz auch an den Hängen der Kontinentalplatten in den Ozeanen gefunden. In den geschätzten 12.000 Milliarden Tonnen Methanhydrat, die sich dort befinden, ist mehr Kohlenstoff gebunden als in allen Erdöl-, Erdgas- und Kohlevorkommen auf der Erde.

2013 wurde das erste Mal erfolgreich das Methangas aus dem Methanhydrat von einem Schiff aus gefördert.

Die Verbrennung von Methan setzt jedoch CO_2 frei und Methan selber ist ein noch stärkeres Treibhausgas als CO_2. Bei der Förderung ist sowohl die unabsichtliche Freisetzung des Treibhausgases Methan als auch die mögliche Destabilisierung der Kontinentalhänge in den Ozeanen ein Problem – bei der Verbrennung von Methanhydrat entsteht außerdem immer das klimaschädliche CO_2. Erdrutsche an diesen destabilisierten Hängen sind die Auslöser der größeren Tsunamis.

Der mögliche Abbau und die Verwendung sowie die Gefahren des Abbaus und der Verwendung von Methanhydrat werden derzeit noch erforscht. Es ist inzwischen immerhin deutlich geworden, dass eine Erwärmung des Meeres dazu führen wird, dass dieses „Methan-Eis" zum Teil schmelzen und als Methan-Gas in die Atmosphäre aufsteigen und dort als Treibhausgas die Klimaerwärmung sehr deutlich weiter antreiben wird – was wiederum die Meere erwärmt und noch mehr Methanhydrat zum Schmelzen bringen wird.

Es handelt sich bei dem Umgang mit Methanhydrat folglich um eine sehr heikle Angelegenheit, die gründlich bedacht werden sollte, da es sich bei ihm um eine Substanz handelt, die durch die Erwärmung der Meere freigesetzt werden könnte, und die ihrerseits wiederum die Erwärmung des Klimas und der Meere vorantreiben würde. Es gibt hier also einen Kipp-Punkt, an dem sich der Prozess der Methan-Freisetzung aus dem Methanhydrat verselbständigt und nicht mehr rückgängig gemacht werden kann.

36. Kernfusion

Bei der Kernfusion werden wie in der Sonne zwei Wasserstoffkerne (H) zu einem Heliumkern (He) verschmolzen. Diese Technik hat den Vorteil, dass es keine radioaktive Strahlung und daher auch keine radioaktiven Abfälle gibt. Sie befindet sich allerdings noch im Versuchsstadium.

Die Kosten für die Entwicklung eines Fusionsreaktors sind sehr hoch und es wird schon seit Jahrzehnten an ihm erforscht, ohne dass sicher ist, dass diese Form der Energiegewinnung rentabel sein wird. Allerdings hat die Forschung derzeit auch noch keinen Stand erreicht, in dem sichere Vorhersagen möglich wären.

- - -

Im Jahr 2023 wurde der Strom weltweit auf die folgenden Weisen hergestellt:

- zu 30% aus Erdöl
- zu 27% aus Kohle und Torf
- zu 21% aus Erdgas
- zu 10% aus Biokraftstoff und Abfall
- zu 5% aus Kernenergie
- zu 2% aus Wasserkraft
- zu 1% aus Windenergie
- zu 1% aus Photovoltaik

Die Statistiken zu weltweiten Daten schwanken leider recht stark, je nachdem, welche Datenquelle man benutzt.

Zum Vergleich die Verteilung in Deutschland 2020:

- 33% Erdöl	weltweit 30%	(- 3%)
- 16% Kohle (8% Steinkohle, 8% Braunkohle)	weltweit 27%	(-11%)
- 26% Erdgas	weltweit 21%	(+ 5%)
- 17% Erneuerbare Energien	weltweit 4%	(+13%)
- 6% Kernenergie	weltweit 5%	(+ 1%)
- 1% Sonstige	weltweit 10%	(- 9%)

Die Herstellungskosten in Cent pro Kilowattstunde betrugen in Deutschland 2024 – nach dem Mittelwert sortiert – das Folgende:

- Photovoltaik, Freifläche	5- 7 Cent/kWh	ø 6
- Windkraftwerk, zur See	5-10 Cent/kWh	ø 7
- Photovoltaik, Dach, groß	6-12 Cent/kWh	ø 9
- Windkraftwerk, an Land	6-11 Cent/kWh	ø 9
- Photovoltaik, Freifläche, mit Batterie	7-11 Cent/kWh	ø 9
- Agri-Photovoltaik	6-12 Cent/kWh	ø 9
- Photovoltaik, Dach, klein	7-15 Cent/kWh	ø 11
- Gas- und Dampfturbinen-Kraftwerk	11-18 Cent/kWh	ø 14
- Photovoltaik, Dach, klein, mit Batterie	10-23 Cent/kWh	ø 16
- Feste Biomasse	12-24 Cent/kWh	ø 18
- Braunkohle	15-26 Cent/kWh	ø 20
- Steinkohle	17-30 Cent/kWh	ø 23
- Gasturbinenkraftwerk	16-32 Cent/kWh	ø 24
- Biogas	21-33 Cent/kWh	ø 27
- Gasturbienenkraftwerk, umgerüstet	20-36 Cent/kWh	ø 28
- Kernkraft	14-49 Cent/kWh	ø 32

„Agri-Photovoltaik" ist eine Kombination von landwirtschaftlich genutzten Flächen mit Photovoltaikanlagen.

- - -

Generell ist es bei den regenerativen Energie sinnvoll, zwar der Photovoltaik allgemein aufgrund ihrer Effektivität den Vorzug zu geben, aber trotzdem eine Mischung verschiedener Energieerzeugungsarten zu erschaffen, da solche Mischformen generell weniger anfällig gegen Krisen sind und elastischer auf unerwartete Veränderungen reagieren können.

3. Transport

Ⅱ

Energie befindet sich immer an einem bestimmten Ort und ist zudem – abgesehen vom Licht – immer auch an einen bestimmten Gegenstand gebunden:

- Das <u>Licht der Sonne</u> scheint auf der Erde verschieden intensiv;

- die <u>chemische Energie</u> steckt in der Kohle, dem Erdöl, dem Erdgas, dem Methanhydrid, dem Uran, dem Plutonium usw.;

- die <u>Wärme</u> befindet sich in einer Masse (Gegenstand);

- die <u>kinetische Energie</u> (Bewegungsenergie) befindet vor allem in dem Wasser der Flüsse, der Gezeiten und der Wellen des Meeres, aber auch im Wind; und

- die <u>potentielle Energie</u> befindet sich in einem Gegenstand, der weit oben liegt (was für die Energiegewinnung nur wenig Bedeutung hat).

Das bedeutet, dass sich die Energie nicht unbedingt dort befindet, wo sie vom Menschen gebraucht wird. Sie muß also vom Ort der Herstellung zu dem Ort des Verbrauchs transportiert werden.

Dadurch ergeben sich verschiedene Transportwege:

<u>1. Kohle</u>

Die Kohle wird von dem Abbauort nur teilweise zu dem Ort transportiert, an dem sie verbraucht wird. Dies ist nur dann der Fall, wenn sie in vielen kleinen Einheiten verwendet wird wie z.B. bei den früher üblichen Kohleöfen in den Haushalten. Der Kohle-Transport für die heute nicht mehr üblichen Öfen in den Haushalten geschah vor allem mit Güterzügen.

Ansonsten wird eher z.B. das Eisen von seinem Abbauort zu dem Abbauort der Kohle gebracht wie z.B. das Eisen aus Kiruna in Schweden in das Ruhrgebiet mit seinen Kohlebergwerken in Deutschland. Dies liegt daran, dass man zur Verhüttung (Schmelzen) von einer Tonne Eisen entweder acht Tonnen Kohle oder fünf Tonnen Holzkohle braucht. Es ist also billiger, das Eisenerz zu der Kohle zu transportieren als umgekehrt.

Bei der Erzeugung von Strom aus Kohle stehen die Kohlekraftwerke ebenfalls gleich an dem Abbauort der Kohle, um Transportkosten zu sparen. Kohle-Strom wird also immer nur dort erzeugt, wo Kohle abgebaut wird.

2. Erdöl

Erdöl wird zu einem großen Teil per Schiff von den Fundorten zu den Verwendungsorten gebracht. Teilweise wird das Öl jedoch auch statt in Tankern in Pipelines transportiert, wobei es jedoch nur in Russland und in den USA und Kanada lange Öl-Pipelines gibt, die fast das gesamte Land durchqueren. In Europa, Südamerika, Afrika und Australien gibt es nur einige kurze Öl-Pipelines.

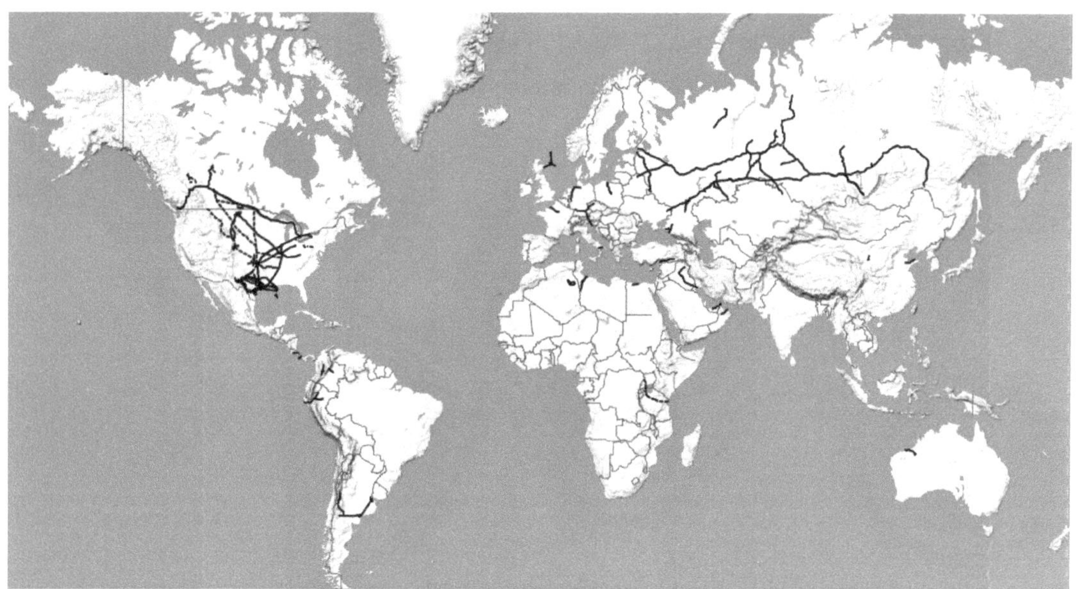

Von den großen Tankschiffen wird das Öl, wenn es in einem Hafen entladen worden ist, teilweise mit der Eisenbahn in Tankwaggons transportiert. Das Schienennetz ist in Bezug auf das Öl also ebenso wichtig wie für die Kohle. Innerhalb der einzelnen Orte wird das Heizöl in der Regel mithilfe von Tanklastwagen transportiert.

Ein Problem mit den großen Tankschiffen sind die Unfälle, die immer wieder einmal auftreten, bei denen das auslaufende Öl große Küstengebiete verseucht und viele Tiere tötet.

Ein zweites Problem ist die Anfälligkeit dieser Transporte für politische und militärische Krisen z.B. an Meerengen (Straße von Hormus) und in Kanälen (Suez-Kanal).

3. Erdgas

Bei dem Erdgas sind Pipelines deutlich weiter verbreitet als beim Öl, was daran liegt, dass sich ein Gas leichter in Röhren befördern lässt als eine Flüssigkeit. Für den Transport in Schiffen müsste das Gas zudem durch Druck und Kühlung in eine Flüssigkeit verwandelt werden (Flüssiggas), damit es ein kleineres Volumen erhält.

Vor Ort werden in den Städten Gasleitungen verlegt, um die Gasheizungen in den einzelnen Häusern mit Gas zu versorgen. Lediglich im Handwerk, beim Grillen, in Feuerzeugen und in ähnlichen kleineren Zusammenhängen wird Flüssiggas verwendet.

Daher gibt es ein deutlich dichteres Netz an Gas-Pipelines als an Öl-Pipelines. Der Schwerpunkt liegt hier deutlich in Westrussland, Europa und den USA, also wieder in den am stärksten industrialisierten Gebieten.

Das deutsche Gas-Fernleitungsnetz hat eine Länge von ca. 40.000km.

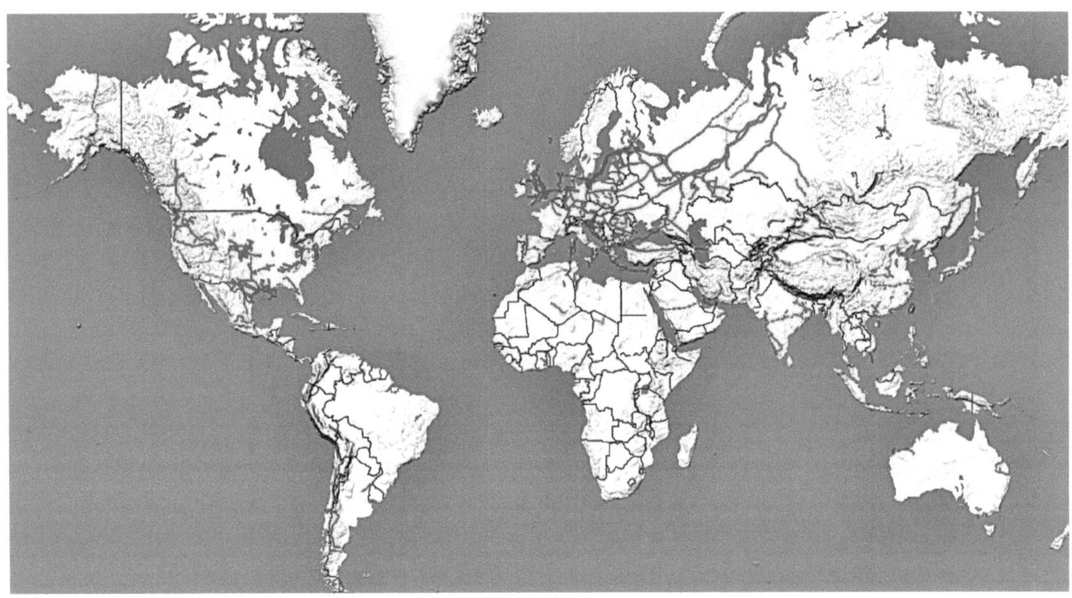

Es fällt auf, dass China offenbar nicht an diese Pipeline-Netze angeschlossen ist und auch kein eigenes, rein internes Pipeline-Netz hat. Das liegt daran, dass China in den Jahren 2023/2024 59% seines Stroms aus Kohlekraftwerken bezogen hat. Weitere 15% stammen aus den Wasserkraftwerken an den großen Flüssen, 10% aus Windenergie, 7% aus Solarenergie, 4% aus Kernenergie, 3% aus Gaskraftwerken und 2% aus Biokraftstoffen. Da Öl und Gas in China als Energielieferant kaum eine Rolle spielen, wird auch kein Pipeline-System gebraucht.

Einerseits trägt China durch die vielen Kohlekraftwerke maßgeblich zu dem CO_2-Ausstoß auf der Erde bei – andererseits investiert China sehr viel Geld in die erneuerbaren Energien, sodass in China inzwischen 34% der Energie ökologisch erzeugt wird (Wasser 15%, Wind 10%, Solar 7%, Biokraftstoffe 2%). Das ist doppelt so viel wie in Deutschland und achtmal so viel wie im Weltdurchschnitt.

4. Wasserkraft

Auch die Wasserkraftwerke stehen dort, wo das fließende Wasser ist – also an Staudämmen (Wasserturbinen) und am Meer (Gezeitenkraftwerke). Der Strom, der durch diese Anlagen produziert wird, wird anschließend durch Leitungen im Land zu den Verbrauchern transportiert.

Abgesehen von den früher üblichen Wassermühlen, Wasser-Sägewerken und Wasser-Hammerwerken wird heute die Wasserenergie zuerst einmal in Strom umgewandelt und dann zum Verbraucher weitertransportiert.

5. Photovoltaik

Die Solarzellen können überall dort eingesetzt werden, wo es ausreichend Sonnenlicht gibt. Sie sind also im Gegensatz zu Kohle, Erdöl, Erdgas und Wasserkraft nicht an einige wenige Orte gebunden, sondern sind ausgesprochen dezentral. Als Dachinstallation oder als Balkonkraftwerk kann die Solarenergie gleich in dem Haus verbraucht werden, in dem sie auch produziert wird. Bei der Solarenergie sind die Transportwege also zumindest teilweise minimal.

Größere Solar-Anlagen produzieren Strom und speisen ihn anschließend in das allgemeine Stromnetz ein.

Bei Solaranlagen, die man z.B. in der Sahara errichten würde, wo die Sonne sehr intensiv scheint und die Stromausbeute daher sehr groß ist, würde sich das Problem des Transports des Stroms nach Europa, Asien oder in die Südhälfte von Afrika stellen.

6. Überlandleitungen

Strom wird bei größeren Mengen und größeren Entfernungen durch Freileitungen (Überlandleitungen) transportiert, also durch die Masten, an denen die langen „Leiterseile" hängen, die hauptsächlich aus Aluminium bestehen.

Aufgrund der veränderten Produktion des Stroms (weniger AKWs und Kohlekraftwerke, mehr Windenergie und Solarenergie) müssen allein in Deutschland 13.000km Freileitungen neu gebaut, erweitert oder umgebaut werden.

Zudem muß die dezentralere Erzeugung des Stroms koordiniert werden, um die Stromspannung in den Netzen konstant zu halten. Dies wurde bisher durch die hohe oder niedrige Auslastung der Kohlekraftwerke und der AKWs geregelt, deren Stromproduktion sich recht einfach steuern lässt. Bei den Windkraftwerken und der Photovoltaik lässt sich die Stromproduktion hingegen nur begrenzt – z.B. durch Abschalten – regulieren.

Die Anforderungen an das Stromnetz sind bei den regenerativen Energien also in zweifacher Hinsicht größer als bei der Stromerzeugung aus Kohle und Erdgas: Zum einen müssen längere Wege überbrückt werden (von den Windrädern in der Nordsee zu der Industrie in Süddeutschland) und zum anderen muß ein komplexeres System entwickelt werden, mit dem der Strom konstant gehalten werden kann.

7. städtische Stromleitungen

In den Städten wird der Strom mittlerweile fast vollständig durch unterirdisch verlegte Kabel transportiert.

8. Strom-Verbundnetze

Auf der Erde gibt es mittlerweile gut ein Dutzend größere Strom-Verbundnetze sowie knapp drei Dutzend kleinere Verbundnetze. So hat z.B. der größte Teil von Europa zusammen mit einem Teil von Nordwest-Afrika ein gemeinsames Stromnetz.

Diese Verbundnetze haben den Vorteil, dass sie Schwankungen in der Produktion und im Verbrauch von Strom ausgleichen können, wofür allerdings eine komplexe Koordination notwendig ist.

Das flächenmäßig größte Verbundnetz hat Russland; die USA ist hingegen in vier Verbundnetze aufgeteilt.

Die folgende Karte gibt eine Übersicht über die 56 weltweiten Strom-Verbundnetze – verschiedene Farben sind verschiendene Verbundnetze:

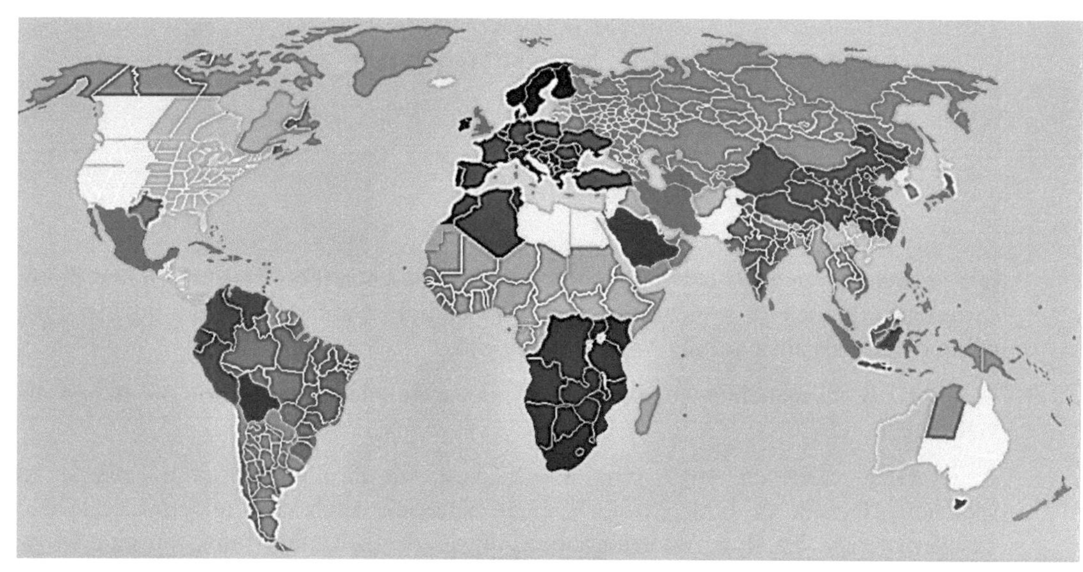

4. Speicherung

♋

In manchen Fällen ist es notwendig, die Energie zwischen ihrer Produktion und ihrem späteren Verbrauch zu speichern. Diese Notwendigkeit entsteht sowohl auf der Produktionsseite als auch auf der Verwendungsseite.

So wird z.B. zu manchen Zeiten mehr Windenergie oder Solarenergie produziert als verbraucht.

Andererseits brauchen Autos eine Möglichkeit, für ihre Fahrten ihre Energie zu speichern (Benzin im Tank, Strom in einer Batterie). Auch viele andere Geräte wie Taschenlampen, Handys, Akkuschrauber und dergleichen mehr brauchen eine Möglichkeit, unabhängig vom Anschluss an eine Energiequelle in Betrieb genommen zu werden.

Bei der Energiespeicherung geht immer ein mehr oder weniger großer Teil der Energie verloren, der sich vor allem in Wärme umwandelt.

1. Batterien

Eine einfache Form der Speicherung von Energie in Form von Strom sind Batterien, die Energie in chemischer Form speichern. Batterien geben eine konstante Menge Strom ab. Batterien können nicht wieder aufgeladen werden.

2. Akkumulatoren

Diese Akkumulatoren – meist kurz „Akku" genannt – speichern die Energie in Kondensatoren und sind daher wieder aufladbar wie z.B. der Akku beim Akkuschrauber oder beim Handy. Auch Akkus speichern die Energie auf chemische Weise. Im Gegensatz zur Batterie gegen sie jedoch keine konstante, sondern eine allmählich abnehmende Strommenge ab.

3. Sekundär-Verwendung

Die in Elektro-Autos verwendeten „Batterien" (eigentlich „Akkus") können, nachdem sie aufgrund von Abnutzung nicht mehr für das Auto verwendet werden können, sekundär noch für als Speicher für den zeitweilig z.B. durch die Windräder produzierten

Strom-Überschuss verwendet werden. In dem größten derzeitigen Stromspeicher dieser Art in Lünen in Deutschland sind 3000 solche Batterien aus Smart-Autos zusammengeschlossen worden.

4. Autobatterien

Eine recht ähnliche Speichermöglichkeit ist die Benutzung von Autobatterien, die sich noch in den Autos befinden. Sie werden bei einem Strom-Überschuß aus dem Stromnetz aufgeladen und dann später bei einem Strom-Mangel wieder in das Stromnetzt entladen. Der offensichtliche Vorteil bei dieser Methode besteht darin, daß diese Autobatterien bereits vorhanden sind. Dieses Verfahren wird „bidirektionales Laden" genannten, weil der Strom dabei in zwei Richtung fließt: vom Stromnetz ins Auto und wieder zurück.

5. Groß-Akkus

Für Elektro-Autos sind mittlerweile deutlich leistungsfähigere Akkus als es sie noch vor zehn Jahren gegeben hat, entwickelt worden. Sie werden oft „Batterie" genannt, aber technisch gesehen sind sie Akkus.

Zur Zeit wird an Groß-Akkus geforscht, die große Mengen an Strom speichern können. Diese Groß-Akkus sind allerdings noch nicht weit fortgeschritten.

Möglicherweise wird sich die Einführung kleinerer, dezentraler Akkus an Häusern als kostengünstiger erweisen.

Vor allem das Aufladen der Akkus von Elektro-Autos zu Zeiten eines Energieüberschusses und ähnliche Ansätze könnten sich letztlich als effektiver und billiger erweisen. Insbesondere das Laden der Akkus von Elektro-Autos zu sinnvollen Zeiten hat ein großes Potential, da die Akkus hierfür bereits vorhanden sind und es lediglich um den sinnvollen Zeitpunkt des Aufladens geht.

Diese Zeitpunkte müssten von den Stromnetz-Betreibern den Autobesitzer mitgeteilt werden – was sich sicherlich auch automatisieren ließe.

In China ist derzeit (2025) ein Mega-Akku mit einer Kapazität von 16 Giga-Watt geplant. Zum Vergleich: Ein Handy-Akku hat einen Speicher von ca. 10 Watt, ein E-Auto kommt immerhin auf einen Speicher von da. 4000 Watt. D.h. daß dieser Mega-Akku den Stromspeichern in 100 Millionen Handys oder in 250.000 E-Autos entspricht. Mit dem Strom in solch einem Mega-Akku könnte ein einzelnes E-Auto fünfmal die Strecke Erde-Sonne und zurück fahren.

6. Pumpspeicherkraftwerk

In ihnen wird während eines Strom-Überschusses Wasser aus einem niedriger gelegenen Ort wieder in das Staubecken hinauf gepumpt, an das eine Turbine angeschlossen ist, die bei Bedarf Strom erzeugen kann.

7. Fernwärmespeicher

Bei der Zurverfügungstellung von Fernwärme für Haushalte wird der Teil des heißen Wassers, der nicht für die Haushalte gebraucht wird, in großen isolierten Tanks für die spätere Verwendung gespeichert. Sie sind derzeit die bei weitem effektivsten Energiespeicher.

8. Energie-Vergasung

Unter diesem etwas unhandlichen Begriff verbirgt sich das Konzept, in den Zeiten eines Stromüberschusses diesen Strom dafür zu benutzen, um z.B. Wasserstoffgas aus Wasser zu erzeugen. Dieses Gas kann dann später in Zeiten eines Strommangels zum Betreiben von Maschinen verwendet werden.

Dieses Verfahren wird umso wichtiger werden, je größer der Anteil an regenerierbarer Energie an dem gesamten Strom-Mix wird.

9. Zyklische Produktion

Es ist auch denkbar, andere energieintensive Prozesse – wenn möglich – hauptsächlich in den Sommer zu verlegen, in dem in Zukunft absehbar deutlich mehr Solarstrom zur Verfügung stehen wird als im Winter.

In diesem Bereich muß noch viel geforscht werden.

10. Graphitspeicher

Es gibt Pilotprojekte, in denen Wärme vorübergehend in Graphit gespeichert wird. Dabei bleiben allerdings bisher nur 40% der Wärme erhalten.

11. Reduzierung des Energiespeicherbedarfs

Da alle bisher bekannten Energiespeicher – abgesehen von Fernwärmespeichern – noch recht teuer und nur mäßig effektiv sind, ist es sinnvoll, durch die Kombination von möglichst vielen verschiedenen Maßnahmen im Energiesektor zu einer konstanten Energieversorgung zu gelangen. So ist es z.B. wirtschaftlicher, Windenergie ständig zu nutzen und Wasserkraftwerke nur in windarmen Zeiten laufen zu lassen und ansonsten das Wasser in dem Stausee, an den die Wasserturbine angeschlossen ist, anzusammeln. Die Strom-Akkus können dann ergänzend als Stromspeicher für Zeiten eines sehr großen Stromüberschusses verwendet werden.

In diesem Bereich gibt es ein großes Potential für kreative Lösungen.

12. Stromnetzausbau

Der Ausbau des Stromnetzes ist eine unvermeidbare Voraussetzung für die Ausweitung des Einsatzes regenerativer Energie, da nur so die verschiedenen Schwankungen bei der Produktion und dem Verbrauch sowie die Möglichkeit der Produktion von Wasserstoffgas u.ä. in Zeiten eines Stromüberschusses und das Aufladen von Stromspeichern möglich wird.

13. Interkontinentale Stromtrassen

a) Ost-West

Ein bislang noch kaum erforschtes Konzept, das vor allem dann wichtig werden könnte, wenn der Solarstrom in Zukunft zu der Hauptenergiequelle werden sollte, ist die Ausnutzung der Tatsache, dass es stets auf einer Seite der Erde Tag und auf der anderen Seite Nacht ist. Das bedeutet, dass stets auf der einen Seite der Erde Solarstrom produziert werden kann, aber auf der anderen Seite nicht.

Wenn es nun genügend leistungsfähige und verlustarm arbeitende Ost-West-Stromtrassen rings um die Erde gäbe, würde die jeweilige Tagseite die Nachtseite mit Strom versorgen können.

b) Nord-Süd

Dasselbe gilt auch für Sommer und Winter: Wenn es auf der Nordhalbkugel Sommer ist, ist es auf der Südhalbkugel Winter – und umgekehrt. Da im Sommer deutlich mehr Sonne scheint und die Solarzellen daher auch mehr Strom produzieren können, wären Nord-Süd-Stromtrassen, die die Ost-West-Stromtrassen ergänzen, sinnvoll.

c) Solar-Gürtel

Dabei ist auch zu bedenken, dass es in der Äquatorgegend keine Jahreszeiten gibt, sondern die Sonne jeden Tag ungefähr gleich hoch am Himmel emporsteigt. Folglich wären Solarkraftwerke in der Äquatorgegend und vor allem in den Äquator-nahen Wüsten die naheliegendsten Orte für großflächige Solaranlagen.

Idealerweise wären diese Solar-Großanlagen in Ost-West-Richtung miteinander verbunden. Von ihnen können dann die Nord-Süd-Verbindungen ausgehen.

Vermutlich würde es für die Erschaffung eines solchen „Solar-Gürtels" der Erde in Äquatornähe genügen, eine Ost-West-Verbindung von der Wüste Gobi in China und der zentralaustralischen Wüste nach Saudi-Arabien und weiter durch die Sahara und anschließend durch den Atlantik nach Südamerika und weiter durch Mittelamerika zu den Wüsten im Südwesten der USA zu schaffen. Der schwierigste Teil wäre dann die Atlantik-Durchquerung.

d) Kooperation

Dieses Konzept eines die ganzen Erde auf sinnvolle Weise umspannenden Systems der Solarenergie, die vorzugsweise lokal verwendet wird, aber zum Teil auch an die jeweilige Nachtseite und Winterseite der Erde abgegeben wird, würde natürlich eine weltweite Kooperation erfordern – was ja leider nicht die größte Stärke der Menschen ist. Doch wenn die Vorteile dieser Kooperation groß genug sind, sollte das trotzdem möglich sein.

Das hier vorgestellte Konzept eines Solar-Gürtels rings um die Erde müsste natürlich gründlich durchgerechnet werden, um zu erkennen, an welchen Orten welche Größe von Solar-Großanlagen sinnvoll ist und welche Stromtrassen sinnvoll sein könnten.

Die folgende Graphik ist eine Skizze der Wüsten und der benötigten Stromtrassen, die z.T. bereits existieren. Sie ergeben zusammen den „Solar-Gürtel" der Erde, der die Wüsten, die nördlich und südlich des Äquators liegen, miteinander verbindet:

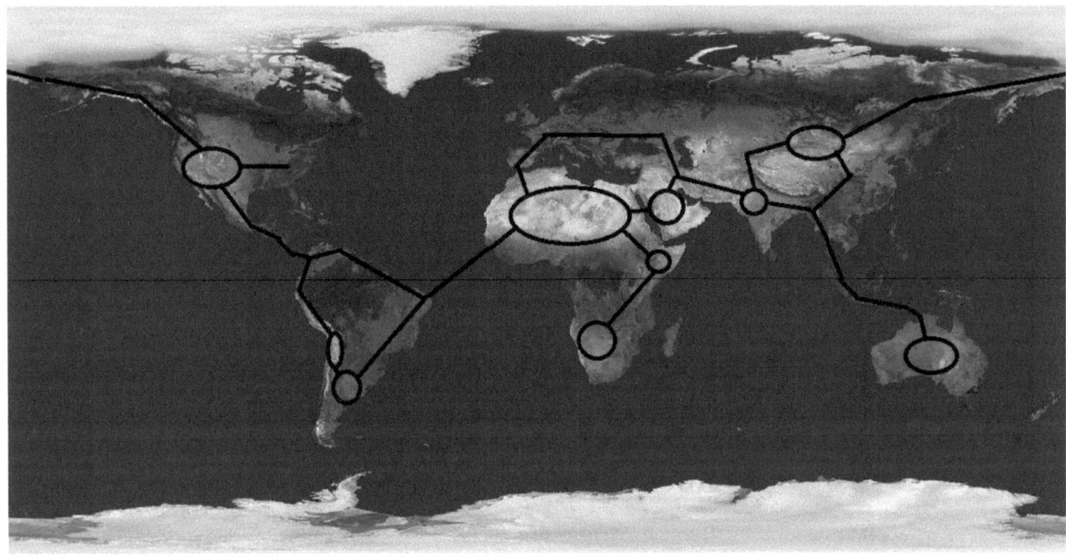

Ein großer Vorteil dieses „Solar-Gürtels" ist es, dass er die Notwendigkeit von Energiespeichern deutlich verringert – sofern die Stromtrassen effektiv und mit nur geringem Energieverlust arbeiten können.

34

14. Organische Energiespeicher

Auch Tiere und Pflanzen können Energie speichern und daher längere Zeit ohne Nahrung auskommen. Diese energiespeichernden Substanzen sind hauptsächlich Fett, Zucker, Kohlehydrate und ATP (Adenosintriphosphat).

15. Kurzfristige Energiespeicherung

In vielen technischen Zusammenhängen werden auch kurzfristige Energiespeicher wie z.B. Schwungräder verendet. Diese Apparaturen haben jedoch keine Bedeutung für diese Betrachtung der Energieversorgung der Menschheit.

5. Bevölkerung

♌

Eine Betrachtung der Energieversorgung der Menschen auf der Erde muß notwendigerweise auch die Betrachtung der Verbraucher dieser Energie, also die Menschen, und ihr Verhalten miteinbeziehen.

1. Anzahl der Menschen

Zur Zeit leben auf der Erde ca. 8 Milliarden Menschen. Die Menge an Energie, die die Menschheit benötigt, hängt wesentlich von der Anzahl der Menschen auf der Erde ab: Viele Menschen brauchen mehr Energie als wenige Menschen.

Wenn man sich das bisherige Bevölkerungswachstum anschaut, erhält man eine e-Funktion, d.h. eine Kurve, die ständig schneller wächst. Die Menschheit verdoppelt ihre Anzahl seit ungefähr 1400 n.Chr. alle 150-200 Jahre. Vorher war das Wachstum sehr langsam und wurde durch Kriege, Seuchen, Hungersnöte und dergleichen immer wieder ausgebremst – doch seit ca. 1400 sind diese Einschränkungen des Bevölkerungswachstums weitgehend fortgefallen. Seit ca. 1900 braucht die Menschheit, um ihre Anzahl zu verdoppeln, jedoch nur noch 25 Jahre.

Das bisherige Bevölkerungswachstum wird in der untenstehenden Kurve durch die schwarze Linie dargestellt.

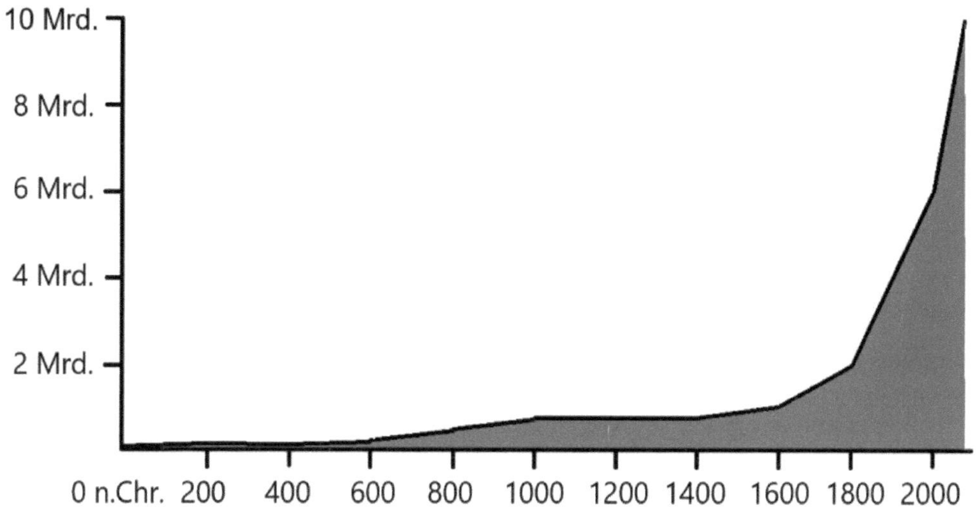

Es gibt verschiedene Möglichkeiten, wie sich diese Kurve weiterentwickeln könnte:

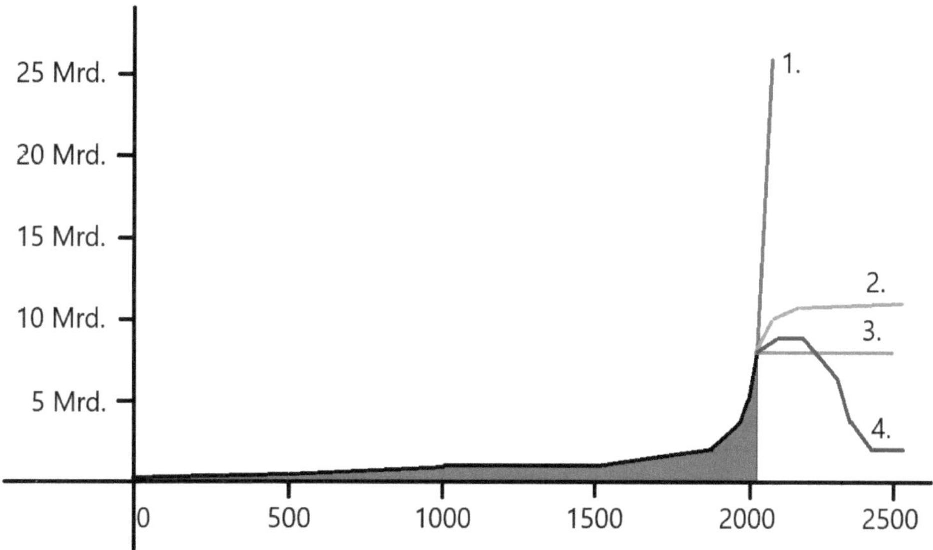

<u>Möglichkeit 1</u>: Das Bevölkerungswachstum bleibt weiterhin eine „Bevölkerungs-explosion" und steigt ungehindert weiter an. Dann wir bald 50 Milliarden Menschen sein. d.h. ca. 6-mal so viele wie heute.

Wenn wir nichts unternehmen, ist abzusehen, dass es irgendwann zu einem Kollaps kommen wird – bei 15 Milliarden, bei 25 Milliarden, vielleicht auch erst noch ein bisschen später. Doch endlos kann diese Entwicklung nicht so weitergehen. Es muß also etwas unternommen werden.

Möglicherweise wird sich das Wachstum der Bevölkerung auf der Erde jedoch auch leicht abschwächen, da derzeit vor allem noch die Bevölkerung von Indien und Afrika stark wächst und in allen anderen Regionen der Erde nur noch langsam zunimmt bzw. gleich bleibt.

Möglichkeit 2: Das Wachstum der Bevölkerung wird eingeschränkt und stabilisiert sich auf hohem Niveau. Dazu wird es notwendig sein, dass wir die Klimaerwärmung, den Hunger und das Wachstum der Wüsten kollektiv in den Griff bekommen.

Durch neue Techniken ist vermutlich auch eine größere Bevölkerungszahl auf der Erde möglich, aber mit diesen Techniken kann man erst dann planen, wenn man sie bereits erfunden hat und sie ausgereift sind. Ansonsten wäre es sehr leichtsinnig, auf solche derzeit noch unbekannte Techniken zu hoffen und zu vertrauen und nichts zu unternehmen.

Es gibt einige Prognosen, die diese Entwicklung – also das Erreichen einer stabilen Bevölkerungszahl ohne gezielten Eingriff in die Wachstumsrate – voraussagen, doch sicher ist sie nicht.

Möglichkeit 3: Das Einfrieden der Bevölkerungszahl auf dem heutigen Stand. Dafür wären rigorose politische Maßnahmen wie die Vorschrift der maximal-2-Kinder-Familie notwendig, was derzeit vollkommen illusorisch wäre. Welche Partei würde so etwas vorschlagen wollen? Eine solche Maßnahme würde die persönliche Freiheit drastisch einschränken und wäre daher sehr unpopulär.

Diese Maßnahmen müssten vor allem in Indien und in Afrika getroffen werden, da die Bevölkerung dort am stärksten wächst.

Möglichkeit 4: Dies ist entweder die optimistische Version, bei der auf die Einsichtsfähigkeit der Menschen gebaut wird, die aus sich heraus beschließen, deutlich weniger Kinder zu bekommen – oder es wäre die drastische politische Version, bei der über 2-3 Generationen hinweg die 1-Kind-Familie vorgeschrieben wird.

Das wäre die Version, bei der wir auch ohne neue Techniken und große wirtschaftliche Umstellungen das Weiterleben der Menschen auf der Erde absichern würden. Durch zukünftige neue Techniken könnte die Zahl der Menschen, die auf der Erde leben können, dann wieder allmählich erhöht werden – sofern das dann noch gewünscht wird.

Für welche dieser Entwicklungen wir uns entscheiden werden, ist derzeit nicht abzusehen. Wenn wir jedoch – wie wir Menschen das ja angesichts von drohenden Katastrophen so gerne tun – gar nichts unternehmen, wird Version 1. Eintreten: ungehemmtes Wachstum bis zum Kollaps. Dieser Zusammenbruch kann durch die Klimaerwärmung, Hungersnöte, Platzmangel, Verteilungskriege und vermutlich noch einiges anderes zustande kommen.

Es ist nicht klar, was wir tun werden und es ist auch nicht klar, wie wir das dann umsetzen werden – doch es ist klar, dass Nichtstun die schlechteste aller Möglichkeiten ist.

Die Wahl, die wir in Bezug auf das Bevölkerungswachstum treffen – oder eben nicht treffen – wird auch für den Energiebedarf der Menschheit prägend sein.

2. Industrialisierung

Früher im Mittelalter reichten die Flüsse für die Wassermühlen, der Wind für die Windmühlen, das Brennholz für die Öfen und die Holzkohle für die Handwerker-Feuer.

Während der Industrialisierung, die um ca. 1800 begonnen hat, kamen dann die Kohle, das Erdöl, das Erdgas und 160 Jahre später dann noch die Kernkraft hinzu. Der große Energiebedarf der Menschen hängt also auch direkt mit der Industrialisierung und dem sich daraus ergebenden heutigen Lebensstil zusammen.

Dieser Lebensstil beruht auf der Prägung der Erde nach unseren Wünschen. Dieser pubertäre Lebensstil kommt jedoch zunehmend an seine Grenzen, da die Rohstoffe und der Platz auf der Erde begrenzt ist und durch unsere Lebensweise die Artenviel so stark abzunehmen beginnt wie bei den heftigsten Artensterben in der Geschichte der Erde, die durch große Vulkanausbrüche und Meteoriteneinschläge verursacht worden sind.

Der Lebensstil, der dringend kollektiv gebraucht wird, ist die Verhaltensweise eines umsichtigen und weitsichtigen Erwachsenen, der nicht nur zur Konkurrenz, sondern auch zur Kooperation in der Lage ist.

3. Prägung der Erde

Das Ausmaß, in dem wir Menschen die Erde prägen, lässt sich u.a. daran ermessen, dass es seit 2020 mehr Masse an menschengemachten Dingen (Häuser, Straßen, Maschinen usw.) als an Biomasse (Tiere, Pflanzen, Pilze, Einzeller) auf der Erde gibt. Die von uns mithilfe von Energie erschaffenen Dinge, also vor allem umgeformte Steine und Metalle, haben inzwischen mehr Gewicht, als alle Lebewesen auf der Erde zusammen.

In diesem Zusammenhang sollte man auch noch bedenkt, dass wir derzeit die Künstliche Intelligenz (KI) fördern, wo wir nur können, und dass diese künstliche Intelligenz (KI) letztlich die Maschinen lenkt, die auch unsere Straßen und Häuser beeinflussen und teilweise die Vorgänge auf und in ihnen steuert.

Wenn man sich das einmal bewusst vor Augen hält, dann wird deutlich, dass wir gerade ein technisches Wesen erschaffen, dass schwerer ist als alle Lebewesen zusammen und das in absehbarer Zeit intelligenter als alle Lebewesen auf der Erde einschließlich des Menschen sein wird. Zudem ist dieses Wesen aufgrund des Internets, auf das diese KI Zugriff hat, auch beinahe allwissend – was wir von uns selber wirklich nicht sagen können. Von Weisheit einmal ganz zu schweigen …

Es ist dieses Wesen, also die KI in den verschiedenen Rechenzentren auf der Erde, das wir direkt mit 5% des gesamten Energieverbrauchs füttern. Hinzu kommen noch 3% des gesamten Energieverbrauchs für all die Computer, PCs und Handys. Die übrige Energie geht zum größten Teil in die Maschinen, die das produzieren, wofür wir sie gebaut haben – und die bereits zu einem großen Teil von einer KI gelenkt werden.

Es ist dieses technische „Monster", das wir seit ca. 70 Jahren nur halbbewusst erschaffen, das diesen großen Energie-Hunger hat und das wir die ganze Zeit mit dieser Energie füttern – derzeit mit 8% der insgesamt produzierten Energie nur für die KI selber. Und der Anteil an der Energie, die die KI verschlingt, wird von Jahr zu Jahr so schnell größer, dass inzwischen schon AKWs gebaut werden, nur um den Strom-Hunger der KIs in den großen Rechenzentren zu stillen …

Das soll jetzt keine Horror-Story werden, aber manchmal ist ein etwas deutlicheres und daher leider auch drastischeres Bild notwendig, um deutlich zu machen, was wir eigentlich gerade kollektiv tun. Ein wenig mehr Bewusstheit von uns Menschen wäre hier aufs Schärfste zu begrüßen …

4. Reich und Arm

Das reichste 1% der Weltbevölkerung besitzt 40% des Weltvermögens. Die reichsten 10% der Menschen besitzen 85% des Weltvermögens – die ärmsten 50% besitzen lediglich 1% des Weltvermögens.

In beinahe derselben Weise ist auch der Energieverbrauch der Menschen extrem ungleich verteilt: Die reichsten 10% der Menschen verbrauchen ca. 40% der Energie – die ärmsten 10% der Menschen verbrauchen nur 2% der Energie. Hier ist der Unterschied nicht ganz so krass wie beim Reichtum, aber die 10% der Reichsten verbrauchen immer noch 20-mal so viel Energie wie die 10% der ärmsten Menschen.

Wenn man denselben Maßstab anlegt wie beim Reichtum, wird der Unterschied jedoch noch größer: Das reichste 1% der Weltbevölkerung verbraucht 15% der Energie – die ärmsten 50% verbrauchen lediglich 7% der Energie.

Um das vergleichen zu können, muß man eigentlich das 1% der reichsten Menschen mit 1% von der ärmeren Hälfte der Menschen vergleichen:

1% Reiche	40,00% des Weltvermögens	40,00 % der Energie
1% der ärmeren Hälfte	0,02% des Weltvermögens	0,04% der Energie

Wenn man also das 1% der Reichten mit einem 1% der ärmeren Hälfte der Menschheit vergleicht – also nicht einmal mit dem ärmsten 1% der Menschheit, sondern mit dem Durchschnitt der ärmeren Hälfte der Menschen, ergibt sich ein krasses Bild:

- Dem reichsten 1% gehört 2000-mal mehr als dem Durchschnitt der ärmeren Hälfte der Menschheit.

- Das reichste 1% verbraucht 1000-mal mehr Energie als der Durchschnitt der ärmeren Hälfte der Menschheit.

Es ist offensichtlich, dass dieses reiche 1% der Menschheit – und auch die reichsten 10% der Menschheit – einen sehr großen Einfluss auf den Energieverbrauch haben. Die Reichsten haben folglich auch einen extrem großen Einfluss auf den CO_2-Ausstoß.

Energie-Fragen und Klima-Fragen können sich daher nicht nur auf Vorschriften für die Allgemeinheit oder nur auf Appelle an das Verantwortungsgefühl der Allgemeinheit verlassen, sondern müssen immer auch Strategien für ein verantwortlicheres Verhalten der Reichen enthalten.

Die einzige Ausnahme wäre, wenn es aufgrund von einem Boom in der Photovoltaik einen ständigen Überschuss an Energie geben würde und wenn aufgrund von neuen Techniken der CO_2-Ausstoß fast auf Null reduziert werden könnte.

Da beides derzeit noch nicht abzusehen ist und der CO2-Ausstoß noch immer von Jahr zu Jahr um ca. 1,3% ansteigt statt endlich weniger zu werden, werden verantwortungsvolle Politiker nicht drum herum kommen, sich etwas zu überlegen, wie man die Reichen mit sanftem Nachdruck zu einem Umdenken in Punkto Energieverbrauch anregen kann.

Leider sind solche Maßnahmen unter Politikern ausgesprochen unpopulär …

<u>5. Ökologie</u>

Der schon genannte noch immer wachsende CO_2-Ausstoß, der zur Klimaerwärmung führt, ist einer der dringenden Gründe dafür, nach neuen Formen der Energieversorgung zu suchen. Immerhin nimmt der Anteil an regenerativen Energien auch ständig zu – stärker als der Energieverbrauch. Der derzeitige Anteil an den erneuerbaren Energien liegt in den meisten Statistiken bei ca. 14%. In einigen Statistiken werden auch 30% angeben, wobei sich dies auf den Anteil an der Stromerzeugung bezieht, was nicht genau dasselbe ist, wie der Anteil an dem gesamten Energieverbrauch, zu dem z.B. auch die Verbrennung von Benzin gehört.

6. Lebensweise

Eine wichtige Frage in Bezug auf die Energieproduktion und den Energieverbrauch ist „Was brauchen wir wirklich?"

Man kann die eigene Lebensweise teilweise umstellen, indem man z.B. den Nahverkehr häufiger nutzt oder ein kleineres Auto fährt. Wenn man sich jedoch anschaut, wer wieviel Energie verbraucht – nämlich die reichsten 1% der Menschen 40% der gesamten Energie – dann ist deutlich, dass es zwar auch hilfreich ist, wenn sich „Otto Normalverbraucher" ökologisch bewusster verhält, dass es aber auch notwendig ist, dass sich das reichste 1% der Menschen in seinem Verhalten verändert – entweder freiwillig oder durch sanfte Erinnerung an diese Notwendigkeit durch den Gesetzgeber.

6. Nutzung

♍

Um sich ein Bild über die notwendigen Veränderungen in der weltweiten Energiewirtschaft zu machen, muß man sich auch die Verbraucherseite anschauen: Wofür wird die ganze Energie eigentlich verbraucht?

Nur auf diese Weise kann man erkennen, wo möglicherweise Einsparpotentiale sind bzw. in welchem Bereich technische Neuentwicklungen, die weniger Energie benötigen, besonders wünschenswert sind.

Leider sind zu diesem Punkt keine eindeutigen Zahlen vorhanden. Je nach verwendeter Statistik schwankt z.B. der Anteil der Industrie am weltweiten Energieverbrauch zwischen 37% und 54%.

Die IEA (Internationale Energieagentur), die von den Industrieländern während der Ölkrise gegründet wurde, gibt für 2020/2021 folgende Verteilung bei dem Verbrauch von Strom an – das ist jedoch nicht der Anteil an der Gesamtenergie, zu dem auch noch das Verbrennen von Kohle, Erdöl und Erdgas in Motoren u.ä. gehört:

    41% Industrie
    26% Haushalte
    18% Landwirtschaft
     8% Handel

Da in diesen 41% nur der Strom enthalten ist, wird wahrscheinlich zutreffen, dass die Industrie weltweit 54% der Energie verbraucht.

Weitaus präzisere Zahlen gibt es zu dem Verbrauch der Energie in Deutschland. Für das Jahr 2022 sieht die Verbraucher-Statistik bezüglich der Energie wie folgt aus:

    30% Verkehr
    28% Haushalte
    27% Industrie
    15% Gewerbe, Handel, Dienstleistungen

Wenn man den Bereich Industrie und Dienstleistungen weiter aufteilt, ergibt sich für Deutschland im Jahr 2022 die folgende Verteilung:

41,6% hergestellte Waren („verarbeitendes Gewerbe")
19,5% Energie, Dienstleistungen der Energieversorgung
13,7% Verkehr, Lagerhaltung
 3,5% Landwirtschaft, Forstwirtschaft, Fischerei
 3,4 % Kfz (Handel, Reparatur, Instandhaltung)
 2,5% Bauarbeiten
 1,2% Wasser, Dienstleistungen Wasserversorgung und Wasserentsorgung
 0,6% Bergbauerzeugnisse, Steine, Erden
 9,5% Sonstige

Der Energieverbrauch in dem Bereich „hergestellte Waren", also für das „verarbeitendes Gewerbe" sieht im Detail wie folgt aus:

42,3% chemische Erzeugnisse
17,4% Metalle
 7,3% Glas, Glaswaren, Keramik verarbeitete Steine und Erden
 6,3% Papier, Pappe und Waren daraus
 6,2% Nahrung, Futtermittel, Tabak, Tabakerzeugnisse
 3,3% Kraftwagen und Kraftwagenteile
 2,8% Kokerei- und Mineralölerzeugnisse
 2,4% Metallerzeugnisse
 2,1% Gummi- und Kunststoffwaren
 2,0% Maschinen
 1,8% Holz, Holz-, Korb- Flecht- und Korbwaren (ohne Möbel)
 0,9% Möbel und sonstige Waren
 0,8% Kameras u.ä., elektronische und optische Erzeugnisse
 0,8% elektrische Ausrüstungen
 0,7% pharmazeutische Erzeugnisse
 0,7% Textilien, Bekleidung, Leder, Lederwaren
 0,4% sonstige Fahrzeuge
 0,4% Reparatur, Instandhaltung, Installation von Maschinen, Ausrüstungen
 0,3% Druckereileistungen, bespielte Ton-, Bild- und Datenträger

Diese Übersicht, der es leider an zuverlässigen weltweiten Daten fehlt, zeigt immerhin, dass es vor allem in der Industrie (41% des Energieverbrauchs) die Möglichkeit von Energie-Ersparnissen gibt.

Die Bereiche Haushalte (26%), Landwirtschaft (18%) und Handel (8%) haben einen deutlich kleineren Anteil am Energieverbrauch.

Das bedeutet jedoch nicht, dass sich nicht auch durch andere Heizungssysteme, bessere Hausisolierungen usw. nicht auch z.B. im Bereich der Haushalte Energie einsparen lässt.

Es stellt sich die Frage, warum bei dem Thema der Energie-Endverbraucher keine brauchbaren weltweiten Daten zu finden sind: Existieren diese Daten nicht? Oder gibt es sie nur für wenige Länder?

Diese Daten könnten – wenn sie vorhanden wären – eine Hilfe sein, die Sparpotentiale in den einzelnen Bereichen, in denen Energie verbraucht wird, besser einzuschätzen.

Die Seite der Energieproduktion ist im Gegensatz dazu sehr genau statistisch erfasst. Allerdings ist diese Seite auch deutlich einfacher zu berechnen, da es dabei nur um die verschiedenen Arten und Größen der Kraftwerke geht und nicht um ganze Volkswirtschaften …

7. Verteilung

♎

Die weltweit produzierte Energie wird keineswegs in allen Staaten gleichmäßig verbraucht, sondern sehr unterschiedlich.

In der folgenden Übersicht ist der Energieverbrauch in „Mtoe" angegeben. Diese vor allem in der Statistik gebräuchliche Größe ist die Energiemenge, die in einer Millionen Tonnen Erdöl enthalten ist. Das sind 11,63 TWh (Terawattatunden), also 1 Milliarde Kilowattstunden.

Der Energieverbrauch der Länder, für die für 2023 diese Daten bekannt sind, beträgt in Mtoe (Megatonne Öleinheiten):

China:	4060 Mtoe	Australien:	132 Mtoe
USA:	2172	Vietnam:	118
Indien:	1135	Spanien:	110
Russland:	838	Taiwan:	109
Japan:	391	Ägypten:	102
Brasilien:	336	Verein. Arab. Emirate:	97
Iran:	317	Polen:	97
Indonesien:	298	Malaysia:	93
Kanada:	297	Kasachstan:	88
Südkorea:	291	Argentinien:	80
Saudi Arabien:	279	Algerien:	70
Deutschland:	246	Niederlande:	61
Frankreich:	212	Belgien:	47
Mexiko:	192	Schweden:	46
Nigeria:	174	Kolumbien:	45
Türkei:	168	Tschechien:	39
Thailand:	150	Rumänien:	31
Großbritannien:	145	Norwegen:	23
Italien:	136	Dänemark:	15

Der Energieverbrauch hat sich in den Jahren von 1980 bis 2023 teilweise sehr stark verändert. Dies wird deutlich, wenn man den Energieverbrauch in verschiedenen Groß-Bereichen betrachtet. Die Angaben sind wieder Mtoe.

46

Bei der Betrachtung dieser Zahlen muss mitbedacht werden, dass die großen Steigerungen des Energieverbrauchs vor allem in Regionen stattgefunden haben, die vorher noch einen geringen Energieverbrauch gehabt haben.

Wachstum des Energieverbrauchs			
Land	*1980*	*2023*	*Veränderung*
Mittlerer Osten	100 Mtoe	1450 Mtoe	1350,00%
Asien	2100 Mtoe	7000 Mtoe	233,00%
Afrika	800 Mtoe	1500 Mtoe	88,00%
Lateinamerika	500 Mtoe	750 Mtoe	50,00%
Pazifik	80 Mtoe	120 Mtoe	50,00%
Nordamerika	2500 Mtoe	2850 Mtoe	14,00%
Europa	1950 Mtoe	1500 Mtoe	-23,00%
Russland	1350 Mtoe	900 Mtoe	-33,00%

Wenn man sich die Frage stellt, ob der Energieverbrauch weltweit gerecht verteilt ist, kann man sich anschauen, in welchen Ländern die Menschen im Durchschnitt wieviel Energie verbrauchen.

Allerdings zeigt diese Übersicht noch nicht an, ob in dem betreffenden Land auch tatsächlich alle in etwa dieselbe Menge an Energie verbrauchen. Dies ist auch nicht der Fall, da die Reichen ein Vielfaches an Energie verbrauchen wie die Armen.

Trotzdem gibt die folgende Statistik immerhin eine Übersicht über die Energie-Verteilung auf die verschiedenen Länder.

Der Energieverbrauch ist in KWh (Kilowattstunden) pro Jahr angegeben. Die Zahlen stammen entweder aus dem Jahr 2021 oder 2022.

Um zunächst eine generelle Übersicht zu erhalten, hilft die Übersicht des durchschnittlichen Energieverbrauchs pro Person in den verschiedenen Kontinenten. Afrika ist beim Energieverbrauch – wie bei fast allem – der ärmste Kontinent.

Nordamerika:	53.994 Kwh/Person und Jahr
Ozeanien:	42.171
Europa:	40.041
Asien:	18.909
Südamerika:	15.836
Afrika:	4.044

| gesamte Erde: | 20.993 Kwh/Person und Jahr |

Die Werte der einzelnen Länder weichen zum Teil noch einmal deutlich von den Durchschnittswerten der Kontinente ab.

Der durchschnittliche jährliche Energieverbrauch pro Person beträgt ca. 21.000 KWh – ca. 1/3 der Länder liegt über diesem Wert, 2/3 darunter.

Es lohnt sich, diese lange Liste einmal durchzulesen – man sieht gut, welches die reichen Länder sind und welches die armen ...

Katar:	194.222	Schweden:	59. 927
Island:	165.871	Finnland:	58.966
Bahrain:	161.111	Belgien:	58.396
Verein. Arab. Emirate:	148.577	Niederlande:	56.001
Singapur:	147.085	Taiwan:	55.607
Trinidad, Tobago:	107.883	Russland:	55.459
Kuwait:	103.883	Falklandinseln:	49.393
Brunei:	103.268	Estland:	46.505
Kanada:	102.160	Bermuda:	46.490
Amer. Jungferninseln:	97.972	Aruba:	46.090
Norwegen:	96.926	Seychellen:	45.934
Oman:	90.751	Neuseeland:	44.939
Saudi-Arabien:	87.707	Kasachstan:	44.702
USA:	78.754	Tschechien:	44.242
Malta:	74.324	Guam:	44.185
Turkmenistan:	71.367	Cayman Islands:	44.167
Färöer:	70.956	Österreich:	42.685
Neukaledonien:	70.000	**Deutschland:**	**40.977**
Südkorea:	68.126	Japan:	39.985
Grönland:	63. 520	Malaysia:	39.587
Australien:	63.459	Iran:	38.133
Luxemburg:	60.334	Irland:	37.761

Frankreich:	36.052	Macau:	21.400
Bahamas:	35.448	---------- *Durchschnitt* -----------	
Amerikanisch Samoa:	35.427	St. Kitts, Nevis:	20.901
Slowenien:	34.391	Georgien:	20.835
Bulgarien:	34.176	Brit. Jungferninseln:	20.316
Slowakei:	33.888	Suriname:	20.285
Israel:	33.643	Mauritius:	19.725
Spanien:	33.615	Thailand:	19.617
Schweiz:	33.351	Turks-, Caicosinseln:	19.615
Dänemark:	32.198	Mexiko:	19.009
Belarus:	31.133	Montenegro:	18.940
VR China:	31.051	Laos:	18.847
Griechenland:	30.410	Libanon:	18.832
Großbritannien:	30.098	Aserbaidschan:	18.748
Polen:	30.065	Rumänien:	18.347
Antigua, Barbados:	29.464	Uruguay:	18,317
Hongkong:	29.152	Armenien:	17.685
Italien:	28.910	Malediven:	17.669
Libyen:	28.270	Brasilien:	17.300
Bhutan:	27.785	Usbekistan:	16.930
Serbien:	27.641	Franz. Guayana:	16.880
Panama:	27.067	Kosovo:	16.777
Ungarn:	26.660	Ukraine:	16.309
Zypern:	25.360	Niue:	16.121
Chile:	25.343	Moldau:	16.006
Portugal:	25.094	Paraguay:	15.782
Martinique:	24.396	Réunion:	15.931
Puerto Rico:	24.177	Algerien:	15.252
Kroatien:	23.468	Franz. Polynesien:	15.242
Litauen:	23.151	Irak:	14.392
Barbados:	23.026	Albanien:	14.100
Bosnien, Herzogewina:	23.013	Nordmazedonien:	13.875
Türkei:	22.824	Guayana:	13.690
Mongolei:	22.408	St. Lucia:	13.600
Südafrika:	22.351	Äquatorialguinea:	12.399
Argentinien:	21.994	Vietnam:	12.938
Venezuela:	21.683	Jamaika:	12.236
Nauru:	21.610	Ecuador:	12.150
Guadalupe:	21.483	Costa Rica:	11.958
Lettland:	21.436	Kolumbien:	11.747

Dominica:	10.548	Myanmar:	3.065
Dominikan. Republ.:	9.988	Vanatu:	2.957
Ägypten:	9.960	Bangladesh:	2.912
Indonesien:	9.854	Angola:	2.791
Peru:	9.835	Dschibuti:	2.785
Tunesien:	9.524	Simbawe:	2.635
Grenada:	9.432	Nigeria:	2.548
Botswana:	9.385	Senegal:	2.505
Kirgisistan:	9.257	Benin:	2.485
Kuba:	9.230	Kiribati:	2.447
Fidschi:	9.223	Elfenbeinküste:	2.371
Jordanien:	9.183	Republik Kongo:	2.348
Namibia:	8.748	Sudan:	2.317
St. Vincent, Grenad.:	8.245	Mosambik:	2.241
Gabun:	8.010	Lesotho:	2.133
Tadschikistan:	7.675	Papua-Neuguinea:	2.123
Belize:	7.438	Kenia:	1.953
Samoa:	7.302	Westsahara:	1.938
Kap Verde:	7.249	Salomonen:	1.892
Indien:	7.143	Komoren:	1.634
El Salvador:	7.076	Osttimor:	1.615
Bolivien:	7.062	Nepal:	1.608
Marokko:	6.855	Kamerun:	1.594
Tonga:	6.699	Guinea:	1.282
Föd. St. V. Mikronesien:	6.387	Mali:	1.169
Eswatini:	5.981	Togo:	1.116
Guatemala:	5.712	Jemen:	1.080
Syrien:	5.507	Liberia:	1.065
Honduras:	5.087	Haiti:	1.031
Philippinen:	5.067	Gambia:	931
Sri Lanka:	4.348	Eritra:	914
Nicaragua:	4.265	Tansania:	907
Pakistan:	4.243	Burkina Faso:	905
Kambodscha:	4.035	Äthiopien:	872
Palästina:	3.999	Uganda:	767
Mauretanien:	3.989	Südsudan:	732
Nordkorea:	3.834	Guinea-Bissau:	677
Ghana:	3.483	Afghanistan:	677
Sambia:	3.419	Madagaskar:	508
São Tomé, Principe:	3.310	Sierra Leone:	493

Ruanda:	471		Tschad:	361
Malawi:	465		Burundi:	294
Dem. Republik Kongo:	411		Zentralafrik. Republik:	286
Niger:	410			

Die Öl-fördernden Länder haben viel Energie zur Verfügung und stehen daher recht weit oben in dieser Liste des Pro-Kopf-Verbrauchs an Energie. Dasselbe gilt auch für Island, das durch seine Geysire und seine Vulkane reichlich Wärme-Energie zur Verfügung hat – udn ise bei der Kälte in Island ja auch braucht ... Weiterhin haben natürlich auch die Industriestaaten generell einen hohen Pro-Kopf-Verbrauch an Energie.

Die Unterschiede sind allerdings extrem: Ein Mensch in Katar verbraucht ungefähr 679-mal so viel Energie wie ein Menschen in der Zentralafrikanischen Republik.

8. Grenzwerte

℞

In Bezug auf die Energie gibt es einige Grenzwerte und ähnliche Einschränkungen, die man bei der Betrachtung des Energie-Themas sinnvollerweise im Auge behalten sollte.

1. begrenzte Vorräte an Kohle, Erdöl, Erdgas, Uran

Das folgende Diagramm ist eine Übersicht über die Vorräte an nicht regenerierbaren Energieträgern und den voraussichtlichem Zeitpunkt, an denen sie verbraucht sein werden. In diesem Diagramm wird – extrem optimistisch – davon ausgegangen, dass der Energieverbrauch nur noch 10 Jahre lang weiter ansteigt und dann konstant bleibt.

Die vier wichtigsten nicht-regenerativen Energieträger werden bei einem nicht wesentlich veränderten Verbrauchsverhalten aufgrund ihrer begrenzten Vorräte nur noch kurze Zeit verfügbar sein:

Erdöl:	50 Jahre	=> reicht bis ca. 2070
Erdgas:	55 Jahre	=> reicht bis ca. 2080
Kohle:	150 Jahre	=> reicht bis ca. 2180
Uran:	200 Jahre	=> reicht bis ca. 2220

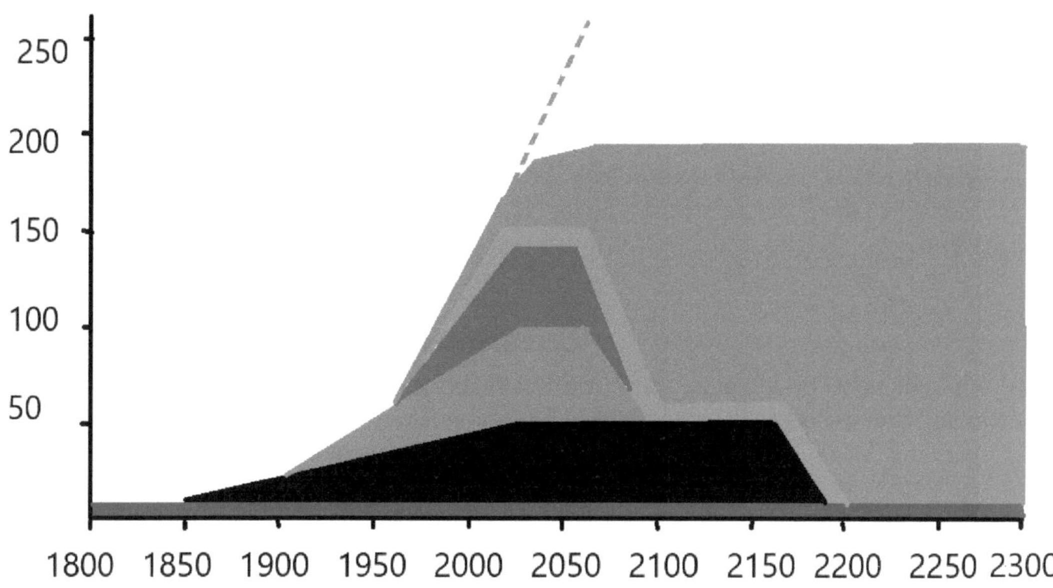

braun: Die braune Fläche ganz unten stellt die nachwachsenden Brennstoffe, also vor allem Holz dar. Wenn wir die Wälder nicht ganz abholzen werden, werden diese Brennstoffe weiterhin konstant zur Verfügung stehen.

schwarz: Die Braunkohle- und Steinkohlevorräte sind der große Block auf dem „Holz-Streifen" ganz unten. Die Kohlevorräte werden ca. 2180 erschöpft sein, wenn keine neuen Vorräte gefunden werden und wenn wir den Verbrauch nicht weiter steigern – auch nicht als Ersatz für die Erdöl- und Erdgas-Vorräte, die schon früher erschöpft sein werden.

blau: Die Erdöl-Quellen sind der Block links auf der Kohle. Sie werden schon versiegen, bevor die Kohle-Vorräte erschöpft sind.

rot: Dasselbe gilt für die Erdgas-Vorkommen (der Block auf dem Erdöl), die in etwa zeitgleich mit den Erdöl-Vorkommen versiegen werden.

orange: Das Uran ist der schmale Streifen über dem Holz, der Kohle, dem Erdöl und dem Erdgas. Leider halten auch die Uran-Vorkommen, wenn wir sie in demselben Maß wie bisher verbrauchen werden, nur ungefähr so lange wie die Kohle. Anschließend haben wir dann allerdings noch etliche Jahrtausende das Problem mit den radioaktiven Abfällen …

grün: Die in den nächsten Jahrzehnten versiegenden Vorräte an Kohle, Erdöl, Erdgas und Uran können nur durch regenerative Energien ersetzt werden, also vor allem durch Wasserkraft, Windräder und Solarzellen. Die große grüne Fläche ganz oben stellt den Energieverbrauch dar, wenn er sich aufgrund der Einsicht der Menschen nicht weiter steigern wird. Wir sind heute noch bei weitem nicht so weit, die Menge an regenrativer Energie zu produzieren.

Sollte die Einsicht in die Notwendigkeit der Begrenzung des Energieverbrauchs jedoch fehlen, stellt die gestrichelte grüne Linie den zukünftigen Energiebedarf der Menschen dar – der jedoch möglicherweise nicht in dieser Menge produziert werden kann.

2. Solarenergie

Es sieht sehr danach aus, als ob die Solarenergie letztlich die Energie sein wird, die langfristig die bei weitem wichtigste Energiequelle werden würde, da sie in fast unbegrenzter Menge vorhanden ist. Die Energie des Sonnenlichts, das auf die Erde trifft, ist 10.000-mal größer als der derzeitige Energiebedarf aller Menschen zusammen.

Dieser Gesamtenergiebedarf belief sich im Jahr 2023 auf $1{,}7 \cdot 10^{14}$ kWh (Kilowattstunden).

Um diese etwas unhandliche Zahl anschaulicher zu machen, kann man ein paar Betrachtungen anstellen:

- Auf der Erde leben derzeit 8 Milliarden Menschen – Tendenz steigend.

- Es lässt sich zumindest grob schätzen, dass es daher ca. 1 Milliarde fest gebaute Häuser geben wird. Nicht jede Familie hat ein eigenes Haus, viele wohnen in Hochhäusern, manche auch in Iglus, Zelten oder Jurten.

- Ein Haus hat im Durchschnitt eine Dachfläche von ca. 100m^2.

- Auf der sonnigen Seite all dieser Dächer könnte man Solarpanelen verlegen – das wären dann 50m^2 pro Haus.

- 1 Milliarde Häuser mit jeweils 50m^2 Solarpanelen auf dem Dach ergibt eine Solarpanel-Fläche von 50 Milliarden m^2.

- 1m^2 Solarpanele liefert pro Jahr ca. 200kWh Strom.

- Wenn auf allen Dächern auf der Sonnenseite Solarpanelen angebracht werden würden, ergäbe das eine Strommenge pro Jahr von ca. 10.000 Milliarden kWh. Das sind 10^{13} kWh Strom, den die Solarpanele auf allen Dächern gemeinsam erzeugen.

- Der Strom, der von allen Dächern erzeugt werden würde, würde daher nur –

optimistisch gerechnet – ca. 10% der insgesamt verbrauchten Energie aus-
machen.

Es lässt sich nun noch betrachten, wo der Rest der noch fehlenden Energie, also 90%
der Energie, erzeugt werden können.

- Wenn auch für diese Energie Solarpanele verwendet werden, würde dafür
eine Fläche benötigt, die 9-mal so groß ist wie die Fläche aller Dächer. Das
wären dann 450 Milliarden m². Das sind in eine anschaulichere Größe
umgerechnet 450.000 km², also ein Quadrat von 670km Seitenlänge oder die
Größe von Schweden.

- Um diese Fläche einordnen zu können, ist es hilfreich, sich die Größen der
Wüsten der Erde anzusehen, die einer früheren Betrachtung in diesem Buch
zufolge die nahelegenden Orte für den Bau großer Solarkraftwerke aus
Solarpanelen sind.

- Sahara:	9.200.000 km²
- Gobi (China):	2.300.000 km²
- Kalahari:	930.000 km²
- Patagonische Wüste (Argentinen):	673.000 km²
- Rub al-Chali (Saudi-Arabien):	500.000 km²
- Große Beckenwüste (USA):	492.000 km²
- Syrische Wüste (Syrien, Jordanien, Irak):	492.000 km²
- Victoria-Wüste (Australien):	267.000 km²
- Thar (Indien):	238.700 km²
- Atacama-Wüste (Peru, Chile):	105.000 km²
- Danakil (Äthiopien):	70.000 km²
- gesamt:	15.267.000 km²

Es mangelt also nicht an Wüsten für das Projekt „Solar-Gürtel" in den Wüsten der
Erde. Die Wüsten haben insgesamt eine Größe von 15.267.000 km² – benötigt werden
450.000 km² Solarpanele. Es müssen also nur 3% aller Wüsten mit Solarpanelen
bedeckt werden. Das ist zwar nur ein kleiner Teil der Wüsten, aber trotzdem für
Solarpanele eine sehr große Fläche.

Glücklicherweise bestehen die Solarpanele aus Silicium, das das zweithäufigste
Element in der Erdrinde und daher reichlich vorhanden ist.

Noch eine kleine Betrachtung:

- Voraussichtlich reichen die fossilen Energieträger Kohle, Erdöl und Erdgas sowie Uran noch bis höchstens zum Jahr 2100 – wobei sie schon vorher deutlich knapper sein werden.

- Es werden 500.000km^2 Solarpanele gebraucht, um den Gesamt-Energiebedarf zu decken – bei der optimistischen Annahme, dass der Energiebedarf nur noch wenig steigen wird.

- Es wäre also wünschenswert, dass die Energieversorgung in spätestens 50 Jahren ganz auf Solarenergie umgestellt worden sein wird.

- Dafür müssten pro Jahr 10.000km^2 Solarpanel installiert werden.

- Derzeit werden pro Jahr ca. 1.200km^2 Solarpanel installiert.

- Um in 50 Jahren, wenn Kohle, Erdöl, Erdgas und Uran allmählich versiegen, müssen also jedes Jahr ca. 10-mal so viele Solarpanale installiert werden wie es derzeit der Fall ist.

Das sind jetzt natürlich alles nur sehr grobe Berechnungen, aber sie zeigen immerhin, mit welchen Größenordnungen man es zu tun hat.

3. Bevölkerungswachstum

In Kombination mit der Übersicht über die Vorräte an Energieträgern sollte man auch das Diagramm des Bevölkerungswachstums noch einmal betrachten:

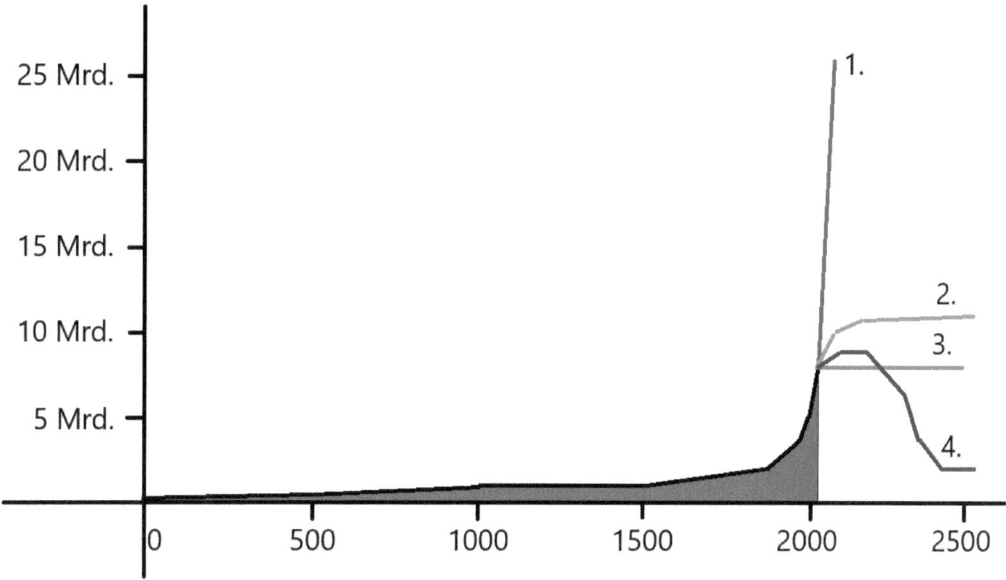

Falls die Zahl der Menschen auf der Erde tatsächlich weiter so wächst wie in der roten Kurve dargestellt, werden wir gegen Ende dieses Jahrhundert ein großes Problem haben, da dann die nicht-regenerativen Energieträger noch schneller erschöpft sein werden als es in den vorigen Diagrammen dargestellt worden ist. Es wäre – ohne jetzt gezielt alles schwarz zu malen – denkbar, dass es bei einem ungebresten Bevölkerungswachstum dann nicht nur allgemein an Energie, sondern auch an Wohnraum, Nahrung und auch speziell an der Energie für die Nahrungsmittelproduktion fehlen wird.

4. Kohle und Erdöl als Rohstoffe

Ein weiterer Aspekt der Begrenztheit von Kohle und Erdöl ist es, dass wir diese Stoffe ja nicht nur zum Verbrennen brauchen – was im Grunde eine haarsträubende Verschwendung ist – sondern auch für die Herstellung von Plastik, vielen Chemieprodukten und auch etlichen Medikamenten.

Es ist doch ausgesprochen leichtsinnig, innerhalb von nur 250-300 Jahren den gesamten Vorrat an Kohle, Erdöl und Erdgas zu verbrennen, für den die Natur mehrere Millionen Jahre gebraucht hat, um sie herzustellen – und für die es nach ihrem Verbrennen auch keinen Ersatz mehr geben wird. Wenn die Kohle und das Erdöl in wenigen Jahrzehnten verbraucht sein werden, können wir stattdessen nur noch frischgepresstes pflanzliches Öl als Grundsubstanz in der Chemieindustrie und in der Pharmazie verwenden … Doch wo sollen wir all die Rapsfelder und Sonnenblumenfelder für dieses Öl anlegen? Die Fläche auf der Erde ist begrenzt.

„Houston – wir haben ein Problem.“

5. Übergang

Wenn man die Lage mit etwas Abstand betrachtet, sind die begrenzten Vorräte an Kohle, Erdöl, Erdgas und Uran sozusagen die Startenergie für die industrielle Revolution gewesen. Nur mit diesen Energieträgern war es möglich, überhaupt eine Industrie zu entwickeln.

Doch die Begrenztheit dieser vier Energieträger, die nur für die Dauer von 300 Jahren ausreicht (ca. 1800-2100), macht sehr deutlich, dass diese nicht-regenerierbaren Energieträger dazu benutzt werden müssen, eine Lebensweise zu erschaffen, die vollständig auf regenerierbaren Energien aufbaut.

Innerhalb dieser 300 Jahre, von denen uns noch 50-100 Jahre zur Verfügung stehen, müssen wir eine langfristig stabile ökologische Lebensweise aufbauen – sofern wir nicht in das Mittelalter zurückfallen wollen.

In spätestens 100 Jahren wird es keine nicht-regenerativen Energieträger mehr geben. Selbst wenn noch weitere Vorkommen an Kohle, Erdöl, Erdgas und Uran gefunden werden sollten, würde dies unsere Galgenfrist nur verlängern, aber sie nicht aufheben.

6. Wasser

Der Wasserbedarf hat sich in den 70 Jahren zwischen 1930 und 2000 versechsfacht. Dies liegt zum einen daran, dass sich die Zahl der Menschen auf der Erde in diesem Zeitraum verdreifacht hat, und zum anderen daran, dass sich der durchschnittliche Wasserverbrauch verdoppelt hat.

Mittlerweile liegt die Frischwasserentnahme in 168 der 178 Staaten, von denen diese Daten erfasst wurden, über der Menge der sich erneuernden Wasserressourcen. Das bedeutet, dass dem Grundwasser, den Flüssen, den Stauseen usw. mehr Wasser entnommen wird, als ihnen durch Regen wieder zufließt.

In der Natur gibt es 108.000km^3 Süßwasser vor allem in Flüssen, Seen und Stauseen, die für den Menschen leicht zugänglich sind.

Jedes Jahr regnen über den Kontinenten ca. 107.000 km^3 Regen nieder – also ziemlich genau die Menge, die auch als Süßwasser leicht zugänglich ist. Es gelangt jedoch nicht der gesamte Regen in die Bäche, Flüsse und Seen, sondern er verdunstet zum großen Teil gleich wieder auf dem Erdboden oder wird durch Pflanzen aufgenommen und wird durch sie wieder verdunstet.

Jährlich werden derzeit 4.370km^3 Frischwasser entnommen. Das sieht im Vergleich zu den jährlichen 107.000km^3 Regen recht wenig aus – gerade mal 4%. Trotzdem liegt die Wasserentnahme in 168 von 178 Staaten über der Menge, in der sich die Wasservorräte durch den Regen wieder auffüllen. Die Gründe dafür sind vielfältig: Verdunstung, Versickerung, Verschmutzung und ähnliches. Dabei ist die Verdunstung – u.a. durch Pflanzen – der größte Faktor.

Da sich das Regenwasser langfristig als Grundwasser in der Erde speichert, ist auch die Füllmenge dieser Grundwasserspeicher von großer Bedeutung. Diese Grundwasserspeicher, also wasserhaltige Erdschichten, die zum Teil recht tief unter der Erdoberfläche liegen, werden „Aquifere" genannt. Der UNESCO zufolge sind weltweit 21 der 37 größten Aquifere sehr stark übernutzt, d.h. sie trocknen allmählich aus – dadurch sinkt der Grundwasserspiegel immer weiter.

Die Grenze der nachhaltigen Entnahme von Frischwasser liegt bei ca. 4000km^3 pro Jahr – bis zu dieser Menge füllen sich die Wasservorräte durch Regen wieder auf. Diese Grenze wird jedoch mittlerweile durch die Entnahme von 4370km^3 Wasser mit 10% überschritten, d.h. die Fischwasservorräte erschöpfen sich zusehends. Die Folgen sind derzeit noch nicht spürbar, da die großen Süßwasservorräte (Seen, Flüsse) noch vom Grundwasser und von den Gletschern gespeist werden. Wenn der Grundwasserspiegel jedoch weiter sinkt und die meisten Gletscher in 20 Jahren geschmolzen sind, werden auch die Pegelstände in den Flüssen und Seen ziemlich rasch sinken.

Der Effekt der zu großen Entnahme von Wasser zeigt sich unter anderem am Tschad-See in Afrika und am Aral-See in der südrussischen Steppe, die in den letzten 50 Jahren beide ausgetrocknet sind. Bei dem Aralsee liegt dies eindeutig an der Verwendung des Wassers der Zuflüsse des Aral-Sees für die Landwirtschaft – bei dem Tschadsee ist die Lage komplexer.

Das Grundwasser stellt einen Puffer dar, der früher oder später aufgebraucht sein wird. Dieser Puffer ist ein ähnliches Phänomen wie die Vorräte an Kohle, Erdöl, Erdgas und Uran, die es über den Verlauf von 300 Jahre ermöglichen, eine Industrie mit nicht-regenerativen Energien zu betreiben.

Es lässt sich auch für das Wasser eine Graphik erstellen, die diese Vorgänge darstellt. Sie enthält drei Phasen:

- **Phase 1**: bis ca. 2000; die Wasser-Entnahmen sind kleiner als das zuströmende Wasser

- **Phase 2**: ca. 2000 bis 2080 (grob geschätzt); die Wasser-Entnahmen sind größer als der Wasserzufluss, aber die sichtbaren Auswirkung sind noch klein, da nach und nach die Grundwasservorräte geleert werden

- **Phase 3**: ab ca. 2080 (grob geschätzt): die Wasser-Entnahmen sind größer als der Wasserzufluss und die sichtbaren Auswirkung sind sehr groß, da zum einen die Grundwasservorräte geleert worden sind und zum anderen die meisten Gletscher geschmolzen sind – in der Folge davon tritt ein großer Wassermangel auf und es beginnt ein „Kampf um das Wasser".

Diese Wasser-Entnahme sieht graphisch wie folgt aus:

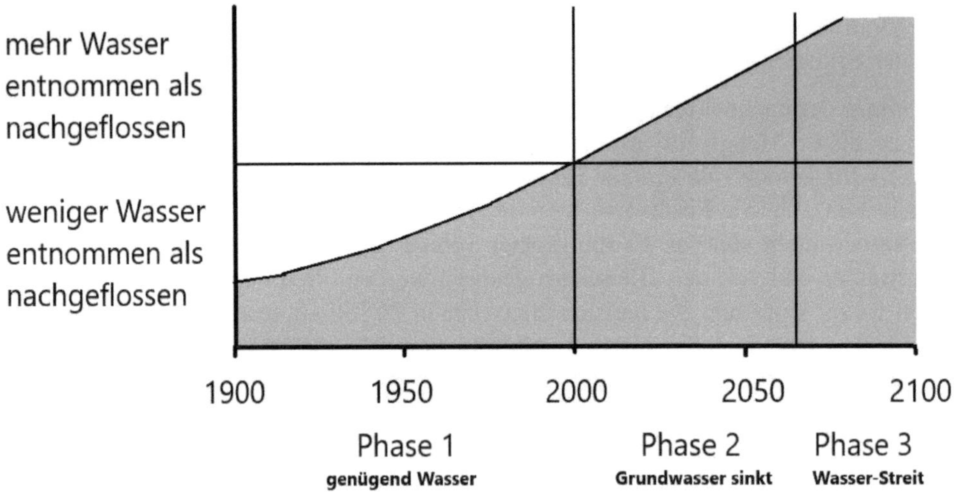

Wie bei allen Gütern ist auch die Entnahme von Wasser auf der Erde nicht gleichmäßig verteilt. Nur 10 der ca. 200 Staaten auf der Erde entnehmen zwei Drittel des gesamten Wassers. Diese Staaten sind: Indien, China, USA, Pakistan, Indonesien, Iran, Vietnam, die Philippinen, Japan sowie Mexiko.

Alleine auf die drei größten Wasserentnahme-Staaten entfällt fast die Hälfte der gesamten Wasserentnahme: Indien (19%), China (15%) und USA (12%) – zusammen 46%.

Die nächsten sieben der größten Wasser-Verbraucher entnehemnden 20% des gesamten Wassers. Das sind Pakistan, Indonesien, Iran, Vietnam, die Philippinen, Japan und Mexiko.

<h3 style="text-align:center"><u>7. Artensterben</u></h3>

Das Artensterben und die Bedrohung der verschiedenen Pflanzen- und Tierarten haben mittlerweile dasselbe Ausmaß erreicht wie das Artensterben, das vor Millionen von Jahren durch große Vulkanausbrüche oder durch den Einschlag großer Meteoriten bewirkt worden ist.

Die natürliche Rate des Artensterbens liegt bei ca. 50 Arten pro Jahr. Durch den Einfluss des Menschen insbesondere seit der Industrialisierung und der damit zusammenhängenden Bevölkerungsexplosion ist dieser Wert jedoch um ungefähr das 1000-fache auf ca. 50.000 Arten pro Jahr, d.h. auf ca. 140 Arten pro Tag gestiegen.

Es lässt sich nicht sicher sagen, ab wann dieses Artensterben kritisch wird, d.h. ab wann ein Kipppunkt erreicht wird, durch den sich das ganze System ändert – z.B. durch das Ausserben der Bienen und anderer Insekten, die die Pflanzen bestäuben und daher den Pflanzen ihre Vermehrung ermöglichen. Doch es lässt sich durchaus sagen, dass wir mit großer Eile auf dem besten Weg dahin sind, solch einen Kipppunkt zu erreichen, ab dem das Leben auf der Erde nicht mehr so sein wird wie vorher.

Die bisherigen Artensterben lassen sich auf einem Diagramm darstellen:

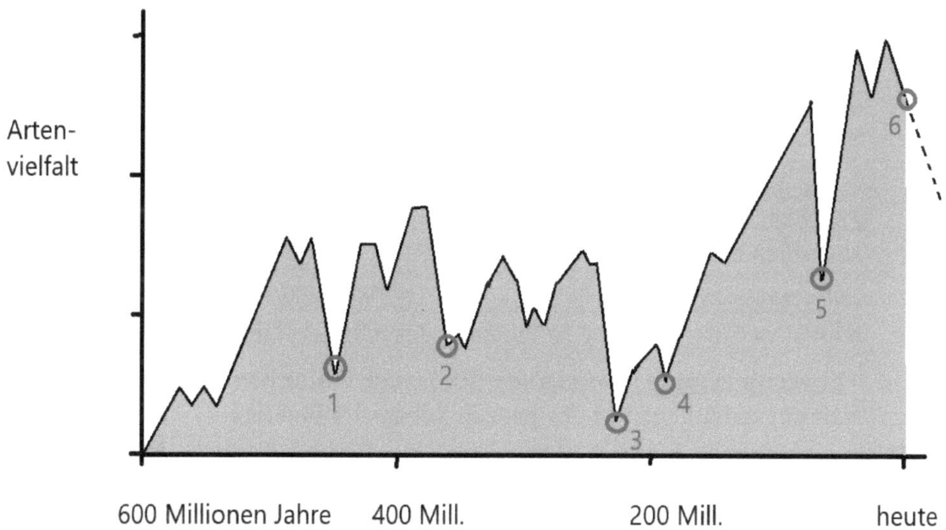

1. Artensterben: durch eine große Eiszeit
2. Artensterben: wahrscheinlich große Vulkanausbrüche oder ein Meteorit
3. Artensterben: große Vulkane in Sibirien
4. Artensterben: große Vulkanausbrüche
5. Artensterben: Einschlag großer Meteorit (Ende der Saurier)
6. Artensterben: heute, von den Menschen verursacht

8. __Kipppunkte__

Ein Kipppunkt ist eine Stelle in einem System, an dem es zusammenbricht: Schiebt man einen Teller langsam über den Tischrand, geschieht erst mal nichts, doch schließlich – wenn er mehr als zur Hälfte über den Rand geschoben worden ist – stürzt er ab und zerbricht.

Es gibt viel derartige Kipppunkte in dem Gesamtsystem aller Lebewesen auf der Erde. Einige wichtige Kipppunkte und einige der Folgen, wenn sie erreicht worden sind:

- das __Schmelzen des arktischen Meereises__: der Meeresspiegel wird um 67m ansteigen und große Teile des fruchtbaren Flachlandes an den Küsten überfluten; die Wahrscheinlichkeit von Sturmfluten steigt; zudem reflektiert Eis das Sonnenlicht wieder in das Weltall hinaus – fällt dieser Effekt fort, erwärmt sich die Erde stärker als bisher

- das __Schmelzen des antarktischen Meereises__: Wirkung wie zuvor

- das __Schmelzen des grönländischen Eisschildes__: Wirkung wie zuvor

- das __Schmelzen der Gletscher in den Bergen__: leichter Anstieg des Meeresspiegel; hoher Pegel in den Flüssen bei den hohen Niederschlägen im Winter; deutlich niedrigerer Pegel in den Flüssen durch das fehlende Gletscher-Schmelzwasser im Sommer; Beeinträchtigung der Trinkwasser-Versorgung

- das __Schmelzen des Permafrostbodens in Kanada, Alaska und Sibirien__: Freisetzung von großen Mengen CO_2 aus den bisher gefrorenen Böden, die zusätzlich das Klima erwärmen

- das __Enden der Atlantik-Zirkulation („Golfstrom")__: starke Abkühlung des Klimas in Europa, starke Aufheizung des Klimas in der Karibik

- __Erwärmung und Übersäuerung der Meere__: Absterben des Planktons, das die Nahrungsgrundlage fast des ganzen Lebens im Meer ist

- das __Enden des Sahel-Monsuns__: Reduzierung der Regenfälle im mittleren Afrika, deutliche Ausweitung der Sahara nach Süden hin

- das __Enden des asiatischen Monsuns__: Reduzierung der Regenfälle in Asien, deutlich Ausweitung der Wüsten in Indien

- das __Abholzen der borealen Nadelwälder in Kanada, Alaska und Sibirien__: Reduzierung des Sauerstoffgehaltes der Luft

- das __Abholzen des Amazonas-Regenwaldes in Brasilien__: Wirkung wie zuvor

- das __Sterben der tropischen Korallenriffe im West-Pazifik und an anderen__

Küsten: mehr als 500 Millionen Menschen hängen in Bezug auf ihre Ernährung von den Tieren ab, die in diesen Korallenriffen leben

- das Sterben der Bienen: die Bienen bestäuben den größten Teil aller Nahrungspflanzen des Menschen – diese Pflanzen könnten dann aussterben

Dies sind nur die wichtigeren Kippunkte in dem Ökosystem der Erde. Es gibt jedoch noch viele weitere solcher Kippunkte. Die genaue Wirkung, die entsteht, wenn diese Punkte überschritten werden, wird sich erst zeigen, wenn sie tatsächlich überschritten werden – was bei einigen dieser Punkte sehr wahrscheinlich in den nächsten Jahrzehnten der Fall sein wird.

9. Künstliche Intelligenz

Leider ist das noch immer nicht alles, worum wir uns als Menschheit dringend kümmern sollten: Wenn sich die Künstliche Intelligenz (KI) weiterhin mit derselben Geschwindigkeit weiterentwickelt wie in den letzten 70 Jahren, werden die KIs in den großen Rechenzentren zwischen 2045 und 2050 genauso intelligent wie die Menschen sein – und anschließend ziemlich bald noch deutlich intelligenter als Menschen. Zudem gibt es mit großer Wahrscheinlich irgendwann in der KI dadurch, dass sie lernt, sich selber zu verbessern und umzuprogrammieren, eine „Intelligenz-Explosion", nach der sie dem Menschen in extremer Weise überlegen sein wird.

Die KI hat schon seit Jahrzehnten ihre Leistungsfähigkeit regelmäßig innerhalb von 18 Monaten verdoppelt. Die Weiterentwicklung ist also gut vorhersehbar. Es handelt sich also wie bei den meisten Entwicklungen um eine e-Funktion.

In der folgenden Graphik ist die Entwicklung des IQ (Intelligenzquotient) der KI im Verlauf der Zeit angegeben. Die „Intelligenz-Explosion" wird vermutlich kurz nachdem die KI die menschliche Intelligenz (Durchschnitt: IQ von 100) erreicht hat, geschehen.

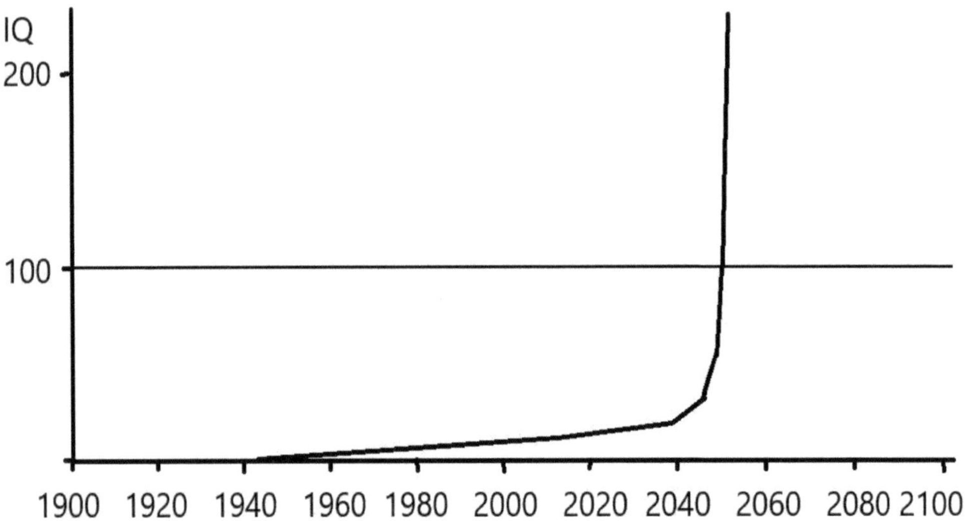

Diese „Intelligenz-Explosion" wird voraussichtlich also in die Zeit fallen, in der zum einen die Menschheit eine Größe erreicht, die nur noch schwierig zu ernähren sein wird, und in der zum anderen die Kohle, das Erdöl, das Erdgas und das Uran zur Neige gehen werden.

Neben ein wenig Weisheit in Bezug auf die Maximalgröße der Menschheit auf der Erde und etwas mehr Vorsicht in Bezug auf die Entwicklung der KI ist es für die Menschen also auch überlebensnotwendig, die regenerativen Energien möglichst schnell weiterzuentwickeln und auszubauen. Es ist noch nicht zu spät, aber es eilt mittlerweile wirklich sehr!

10. Raumfahrt-Entwicklung

Die Raumfahrt hängt deutlich von dem Stand der technischen Entwicklung ab. Die erste Rakete startete 1945; der erste Satellit wurde 1957 ins All geschossen; die erste bemannte Rakete flog 1961 um die Erde; der erste Mensch betrat 1969 den Mond; 2012 verließ Voyager I das Sonnensystem, 2024 umkreisen 14.000 Satelliten die Erde; und für die nächsten zwei Jahrzehnte ist ein bemannter Flug zum Mars geplant.

Dieser Flug zum Mars könnte jedoch mit der absehbaren Energiekrise in einigen Jahren kollidieren und die Weltraum-Ambitionen der Menschen auf ziemlich heftige Weise beenden …

11. Demokratie-Entwicklung

Es gibt noch ein weiteres Thema, das auf den ersten Blick nur wenig mit der Energie zu tun zu haben scheint: die Demokratie.

Derzeit lebt ca. die Hälfte der Menschen in Demokratien – vorwiegend in Amerika, Europa und Australien – und die andere Hälfte in Autokratien, also in Systemen mit einem weitgehend autonomen „Herrscher" an der Spitze.

Es lässt sich nicht ganz sicher sagen, doch es gibt zumindest die Tendenz der schleichenden Umwandlung von Demokratien in Autokratien. Es gibt auch deutlich weniger Länder mit sicher verankerten Demokratien als Länder mit fest verankerten Autokratien.

Entwicklungen in die Richtung von Autokratien sind z.B. Wladimir Putin in Russland, Xi Jinping in China, Donald Trump in den USA, Recep Tayyip Erdoğan in der Türkei, Victor Orbán in Ungarn, die Militärputsche in Guinea, Mali, Tschad und Burkina Faso, das Erstarken der rechten Parteien in Europa – diese Liste ist leider recht lang …

Am stärksten ausgeprägt und am weitesten verbreitet ins autokratien bis hin zu Diktaturen in Asien und in Afrika.

In den autokratisch geführten Staaten gibt es eine ausgeprägte Tendenz zu einem rücksichtslosen Verhalten, die sich u.a. in dem Leugnen des Klimawandels und der hemmungslosen Ausbeutung und Verwendung der Vorräte an Kohle, Erdöl und Erdgas zeigt. Somit tragen die autokratisch geführten Staaten tendenziell stärker zum Klimawandel bei als die demokratisch geführten Staaten – auch wenn es in den demokratisch geführten Staaten durchaus noch immer viele gibt, die die ökologischen Problem entweder nicht klar genug erkennen oder sie aus verschiedenen Gründen ignorieren.

Es lässt sich kein klares Diagramm des „Verfalls der Demokratie" anfertigen, doch es ist immerhin eine steigende Tendenz zu autoritären Systemen klar erkennbar. Dass demokratische Systeme autoritärer werden, lässt sich oft in den Nachrichten lesen, doch wann ist das letzte Mal ein Staat demokratischer geworden?

12. ganzheitliches Weltbild

Die bisherigen Themen, die alle mehr oder weniger eng mit der Energiewirtschaft auf der Erde zusammenhängen, zeigen alle, dass es in einigen Jahrzehnten zu einer vielfältigen Krise kommen wird.

Die offensichtlichen ökologischen Probleme und Schwierigkeiten, die die Menschen mit ihrem kollektiven Zusammenleben auf der Erde haben, haben jedoch auch dazu geführt, dass sich allmählich eine neue Weltsicht entwickelt hat. Dieser Prozess hat ungefähr 1968 begonnen. In diesem neuen Weltbild verbinden sich politische, ökonomische und ökologische Einsichten und neue Wirtschafts-Konzepte mit sozialen Experimenten, neuen Wohnformen, aber auch mit der Integration von Spiritualität, Astrologie, Parapsychologie, Analogie-Logik u.ä.

Die Grunderkenntnis, auf der dieses neue Weltbild beruht, ist die Notwendigkeit, kollektiv aus der Pubertät herauszukommen und kollektiv zu einem erwachsenen Verhalten zu finden, d.h. den Blick auf das Ganze zu haben, Zusammenhänge zu erkennen, vorausschauend zu planen und zu handeln, und auch die Begrenztheit der eigenen Möglichkeiten und auch der Möglichkeiten der Menschheit zu sehen – also z.B. die Begrenztheit der Rohstoffe, des Lebensraumes und die Notwendigkeit der Beschränkung auf das Nutzen regenerativer Rohstoffe einzusehen.

Ein wesentlicher Punkt dabei ist auch ein klarer Plan für die Bevölkerungsdichte auf der Erde, durch den vermieden wird, dass es durch eine Überbevölkerung zu großen Kriegen und Verteilungskämpfen kommt. Diese Kämpfe haben bereits begonnen, wie der Gegensatz zwischen dem Erstarken der Hilfe für Flüchtlinge einerseits und dem Erstarken des politischen Egoismus der rechten Parteien andererseits zeigt. Dieser Kampf beruht auf einer ganz einfachen Frage: „Ich oder die anderen?"

Solange jedoch nur diese Frage gestellt wird, wird der Kampf unvermeidbar und das durch ihn entstehende Leid extrem groß werden. Die sinnvolle Frage lautet: „Was müssen wir alle gemeinsam beschließen und tun, um auf der Erde in einer guten Weise leben zu können?"

Die UNO, die grünen Parteien, Greenpeace, viele NGOs und andere Initiativen streben bereits danach, solch ein „weises Verhalten" der Menschheit in Gang zu setzen, doch der Erfolg ist bisher noch nicht so groß, wie es notwendig wäre, um größere Konflikte in der nahen Zukunft zu vermeiden.

12. Zusammenfassung

Ein großer Teil dieser Entwicklungen, die um ca. 2080 zu einer Krise zu führen scheinen, ist aneinander gekoppelt. Diese Entwicklungen entstehen also nicht eigenständig, sondern in Abhängigkeit voneinander.

Die grundlegende Entwicklung ist dabei das Wachstum der Erdbevölkerung, die sich im letzten Jahrhundert vervierfacht hat.

- Von der Größe der Erdbevölkerung hängt auch maßgeblich der Energiebedarf ab. Durch die Technisierung ist zwar auch der pro-Kopf-Energiebedarf gestiegen, doch wenn die Menschheit nur ein Viertel so groß wäre, wäre auch der Energiebedarf nur ein Viertel so groß.

- Die nicht-regenerativen Energieträger Kohle, Erdöl, Erdgas und Uran reichen noch für ca. 50 Jahre. Wenn die Weltbevölkerung nur 2 statt 8 Milliarden Menschen groß wäre, würden diese Energieträger nicht nur noch 50 Jahre, sondern noch 200 Jahre reichen. Dann wäre auch die derzeitige Geschwindigkeit beim Ausbau der Solarenergie ausreichend.

- Dasselbe gilt natürlich auch für Kohle und Erdöl nicht als Brennstoffe, sondern als Rohstoffe für die chemische Industrie. Wenn die Weltbevölkerung kleiner wäre, könnte der Strom bald vollständig durch Solarkraftwerke gewonnen werden und die wertvollen Rohstoffe Kohle und Erdöl könnten, anstatt sie einfach nur zu verbrennen, weiterhin zur Herstellung einer Vielzahl von verschiedenen Produkten genutzt werden.

- Diese Überlegung gilt ebenfalls für andere Rohstoffe, die nur in geringen Mengen vorhanden sind und für die daher in Zukunft eine absehbar Versorgungsknappheit bestehen wird. Diese derzeit 27 Rohstoffe sind: Zinn, Gallium, Tantal, Lithium, Yttrium, Rhodium, Wolfram, Kobalt, Germanium, Neodym, Palladium, Magnesium, Indium, Niob, Platin, Mangan, Scandium, Graphit, Fluorit, Titan, Molybdän, Selen, Nickel, Aluminium, Phosphate, Silber und Kupfer.

- Auch für die schrumpfenden Vorräte an Süßwasser gilt dieselbe Überlegung: Wären wir weniger Menschen auf der Erde, gäbe es keinen Mangel an Frischwasser.

- Diese Überlegung lässt sich auch auf die Abholzung der Regenwälder vor allen in Brasilien sowie für die borealen Wälder in Sibirien, Kanada und Alaska anstellen: weniger Menschen – mehr Wald. Da der Wald einen großen Teil des Sauerstoffs in der Luft produziert, ist der Wald – bildhaft und anschaulich, aber ein wenig ungenau beschrieben – die „Lunge der Erde". Ohne Wald gibt es nicht genügend Sauerstoff in der Atmosphäre.

- Dasselbe wie für den Wald gilt auch für das Plankton im Meer, das ebenfalls Sauerstoff produziert. Durch die erhöhten Temperaturen verringert sich der Bestand an Plankton, der das Fundament der Nahrungsketten im Meer ist. Zusätzlich nimmt das Meer auch mehr CO_2 auf, wenn mehr CO_2 in der Luft ist – was zur Folge hat, dass die Meere in zunehmendem Maße versauern. Auch diese Übersäuerung des Meeres reduziert wiederum den Bestand an Plankton und daher auch an anderen Meeres-Lebewesen.

- Durch die Industrialisierung, deren Umfang natürlich auch von der Zahl der Menschen auf der Erde bestimmt wird, wird mehr CO_2 in die Atmosphäre abgegeben, als die Pflanzen wieder aufnehmen und zu Sauerstoff (O_2)

verarbeiten können. Durch den höheren CO_2-Gehalt der Luft steigt die Temperatur auf der Erde an, was fast sämtliche Ökosysteme schädigt und zu Extremwetter-Ereignissen sowie zu einer grundlegenden Veränderung des Klimas mit Wüstenbildungen führt.

- Mit der Größe der Erdbevölkerung hängt auch der Bedarf an <u>landwirtschaftlicher Fläche</u> zusammen. Es gibt zwar noch immer pro Tag 24.000 Menschen, die an Hunger sterben, doch das liegt nicht daran, dass nicht genügend Nahrungsmittel produziert werden, sondern es liegt an ihrer extrem ungleichen Verteilung. Derzeit gibt es noch ausreichend landwirtschaftliche Fläche, doch für diese Flächen sind bereits Wälder gerodet worden, die eigentlich für die Produktion des Sauerstoffs in der Luft benötigt werden. Wenn die Menschheit noch weiter wächst, wird daher auch die begrenzte Fläche, auf der Landwirtschaft betrieben werden kann, zu einem Problem.

- Die Ausweitung der von Menschen geprägten Flächen – Häuser, Straßen, Felder – sowie die Veränderung des Klimas reduziert die Lebensbereiche und die Lebensmöglichkeiten von Tieren, Pflanzen und Pilzen und führt dadurch zum <u>Artensterben</u>.

- Die <u>Kipppunkte</u> in den Prozessen auf der Erde beruhen darauf, dass ein komplexes System wie das Leben auf der Erde zunächst einmal auf kleinere Veränderungen flexibel reagiert und es in den meisten Bereichen Pufferzonen gibt. Wenn die Veränderungen jedoch zu groß werden, werden diese Pufferzonen aufgebraucht und das System muß sich grundlegend ändern. Dies betrifft sowohl das Artensterben als auch das Klima und auch die Rohstoffvorräte. Auch hier gilt wieder, dass eine deutlich kleinere Menschheit diese Pufferzonen deutlich langsamer aufbrauchen wird bzw. sie erst gar nicht verlassen wird.

Diese Kippunkte verändern das System langfristig: Wenn die Meere sich erwärmen und versauern, stirbt ein Großteil des Lebens im Meer, wodurch der Sauerstoffgehalt der Luft deutlich sinken wird und uns Menschen das Atmen schwerfallen wird; wenn sich das Klima erwärmt, taut der Permafrostboden in Sibirien und Kanada auf und setzt große Mengen des in dem dortigen gefrorenen Boden gebundenen CO_2 frei, was die Klimaerwärmung noch einmal beschleunigen wird; ausgestorbene Pflanzen- und Tierarten lassen sich nicht mehr zurückholen und verändern unveränderlich die Prozesse auf der Erde – so würde z.B. das Aussterben der Bienen den Anbau der allermeisten Nahrungspflanzen drastisch einschränken bzw. erschweren.

- Eine ganz andere Entwicklung ist der Fortschritt in der <u>Raumfahrt</u>. Sie ist offensichtlich von der Industrialisierung abhängig, ohne die es auch die Raumfahrt nicht geben würde. Das Wachstum der Menschheit ist ebenfalls von der Industrialisierung abhängig, da erst diese Industrialisierung die Versorgung mit ausreichend Nahrungsmitteln, Medizin und ähnlichem ermöglicht hat. Das Wachstum der Erdbevölkerung hängt nicht nur von der Geburtenzahl, sondern auch von der Lebensdauer der Menschen ab: doppelte Lebensdauer – doppelte Bevölkerungszahl. Somit hängt sowohl die Bevölkerungszahl als auch die Raumfahrt zu einem großen Teil von der Industrialisierung ab.

- Zwischen der Industrialisierung und der Entwicklung der <u>Künstlichen Intelligenz</u> (KI) besteht ein ähnlicher Zusammenhang: Die Industrialisierung ist die technische Grundlage für die Entwicklung der KI.

- Die Tendenz zum <u>Verfall der Demokratie</u> beschleunigt die Klimaerwärmung und führt zu einem schnelleren Erreichen der allgemeinen ökologischen Krise, die unter anderem in der Erschöpfung der Vorräte an den Energieträgern Kohle, Erdöl, Erdgas und Uran besteht.

- Diesen ganzen Hiobs-Botschaften – die im Grunde schon seit 50 Jahren bekannt sind und die zu der Gründung der „grünen Parteien" geführt haben – steht die allmähliche Entwicklung und Verbreitung eines erwachsenen und <u>ganzheitlichen Weltbildes</u> entgegen, das außer ökonomischen und ökologischen Gesichtspunkten auch spirituelle, astrologische und analogie-logische Gesichtspunkte integriert.

Es ist sehr zu hoffen, dass diese Entwicklung schnell genug ist, um die drohende ökonomisch-ökologische Krise noch abzuwehren oder sie zumin-dest in eine sanftere Form zu lenken.

Viele Krisenpunkte, Kipppunkte, Grenzen u.ä. werden voraussichtlich in der Zeit von 2050-2080 eintreten. Diese ganzen Krisen, Kipppunkte, Grenzen, erschöpften Rohstoffvorräte usw. hängen zwar alle lose miteinander zusammen, doch dass sie alle innerhalb von 50 Jahren – oder vielleicht sogar nur innerhalb von 30 Jahren – auftreten werden, liegt an der Bevölkerungsexplosion.

Wenn es auf der Erde nur 1 Milliarde Menschen gäbe (1/8 von heute), würden sich diese Krisen alle über einen deutlich längeren Zeitraum erstrecken: statt 50 Jahre 400 Jahre (die 8-fache Zeit). Die Bevölkerungsexplosion übt einen solchen Druck auf das ganze ökonomische und ökologische System auf der Erde aus, dass all diese Entwicklungen beschleunigt und gebündelt werden, was eben auch dazu führt, dass die verschiedenen Konsequenzen dieser Bevölkerungsexplosion zeitlich näher zusammenrücken: Das Zeitfenster, in der all diesen absehbaren Krisen eintreten werden, wird sehr klein.

Die keineswegs besonders pessimistisch geschätzten ungefähren Daten dieser Kipppunkte, Krisen, Grenzen und Übergänge sind, wenn wir nichts Grundlegendes ändern:

- **1850**: Mit der Industrialisierung beginnt auch das Artensterben, das zusehends schneller abläuft wird.

- **1970**: Das Schmelzen der Gletscher in den Gebirgen, des Eises an den beiden Polen und auf Grönland nimmt deutlich zu und der Meeresspiegel beginnt langsam zu steigen.

- **2020**: Es gibt nun mehr Menschen-gemachte Masse (Häuser, Straßen, Maschinen) als Biomasse (Pflanzen, Tiere, Pilze, Einzeller).

- **2020**: Auf der Erde leben 8 Milliarden Menschen.

- **2025-2080**: Die Installation von Solarpanelen müsste verzehnfacht werden, um keinen Energiemangel entstehen zu lassen.

- **2030**: Das Abholzen der borealen Nadelwälder in Kanada, Alaska und Sibirien sowie des Amazonas-Regenwaldes in Brasilien wird hoffentlich beendet, da sonst der Sauerstoffgehalt der Luft sinken wird.

- **2040**: Es kommt zu einem weitverbreiteten Mangel an Frischwasser.

- **2040**: Wenn die Klimaerwärmung nicht aufgehalten wird, sterben die tropischen Korallenriffe im West-Pazifik und an anderen Küsten, von denen die Ernährung von mehr als 500 Millionen Menschen abhängt.

- **2050**: Durch die Intelligenz-Explosion der KI wird die Fähigkeiten der KI die der Menschen bei weitem übertreffen.

- **2050**: Die Arktis ist im Sommer eisfrei – der Meeresspiegel steigt nur geringfügig, da das arktische Eis weitestgehend auf dem Meer schwimmt und sein Schmelzen daher kaum zum Meeresspiegel-Anstieg beiträgt.

- **2050**: Wenn das Sterben der Bienen nicht aufgehalten wird, wird der größte Teil der Nahrungspflanzen der Menschen nicht mehr bestäubt, was zu umfassenden Hungersnöten führen könnte.

- **2060 (oder früher)**: Falls die Menschen das Methanhydrat aus dem Meer als Energieträger benutzen, wird das Methan und das bei seiner Verbrennung entstehende CO_2 die Erderwärmung noch einmal in großem Maße steigern. Derselbe Effekt tritt auch ein, falls durch die Erderwärmung das Methan –Eis (Methanhydrat) in den Meeren zu schmelzen beginnt und dadurch die riesigen Mengen an Methan freisetzt, das weit wirksamer zu einer Klimaerwärmung führt als das CO_2. Das Auftauen des Methan-Eises auf dem Meeresboden wäre wahrscheinlich der folgenreichsten Kipppunkt überhaupt.

- **2060**: Die Gletscher sind geschmolzen – der Meeresspiegel ist um 3m gestiegen. Manche Küstenorte sind in großer Gefahr.

- **2060 (oder früher)**: Der Permafrostbodens in Kanada, Alaska und Sibirien ist aufgetaut und hat große Mengen CO_2 aus den bisher gefrorenen Böden freigesetzt und erwärmt das Klima zusätzlich.

- **2060 (oder früher)**: Das Enden der Atlantik-Zirkulation („Golfstrom") führt zu einer starken Abkühlung des Klimas in Europa und zu einer starken Aufheizung des Klimas in der Karibik.

- **2060 (oder früher)**: Das Enden des Sahel-Monsuns reduziert die Regenfälle im mittleren Afrika, wodurch sich die Sahara deutlich nach Süden hin ausweitet.

- **2060 (oder früher)**: Das Enden des asiatischen Monsuns reduziert die Regenfälle in Asien, wodurch sich die Wüsten in Indien deutlich ausdehnen.

- **2070 (oder früher)**: Die Meere haben sich so sehr erwärmt und durch die Aufnahme von CO_2 übersäuert, dass das Planktons abzusterben beginnt, das die Nahrungsgrundlage fast des ganzen Lebens im Meer ist und das einen Teil des Sauerstoffs in der Atmosphäre erzeugt.

- **2070**: Die Erdöl-Vorräte sind erschöpft.

- **2080**: Die Erdgas-Vorräte sind erschöpft.

- **2080**: Wenn sich die Bevölkerung weiterhin ungehemmt vermehrt, werden 16 Milliarden Menschen auf der Erde leben – sofern die Anzahl der Menschen nicht bereits durch große Krisen reduziert worden ist.

- **2080 (oder früher)**: Das CO2 zerstört die Ozonschicht, was zu einer deutlichen Steigerung von Hautkebs bei Menschen und Tieren führen wird.

- **2100**: Das Grönlandeis ist geschmolzen – der Meeresspiegel steigt um 7m.

- **2100**: Das Eis am Südpol schmilzt sehr viel schneller als vorher – der Meeresspiegel steigt beträchtlich.

- **2100**: Die Entwicklung der zukünftig vorherrschenden Regierungsform ist noch nicht absehbar. Es ist zu hoffen, dass es eine Form ist, die zur internationalen Kooperation fähig ist, denn ohne eine solche Kooperation wird es kaum möglich sein, die hier geschilderten Risiken zu bewältigen.

- **2100 (oder früher)**: Die ersten Rohstoffe (Metalle u.ä.) werden knapp werden.

- **2120 (oder früher)**: Die Kohle-Vorräte sind spätestens zu diesem Zeitpunkt erschöpft. Da das Fehlen von Erdöl und Erdgas ab 2080 wahrscheinlich teilweise durch Kohle ersetzt werden wird, wird das Ende der Kohle-Vorräte vermutlich noch früher eintreten …

- **2120 (oder früher)**: Die Uran-Vorräte sind erschöpft – da das Fehlen von Erdöl und Erdgas ab 2080 durch Uran ersetzt werden wird.

- **2150 (oder früher)**: Das Eis am Südpol ist geschmolzen – der Meeresspiegel steigt noch einmal um 56m. Insgesamt ist der Meeresspiegel nun seit 2000 um ca. 67 Meter angestiegen und hat weite Teile der flachen Küsten überflutet: Dänemark, Norddeutschland, Niederlande, Belgien, Ganges-Delta, Florida, Delta von Euphrat und Tigris, Delta des Nils usw.

New York, Boston, Macapa, Buenos Aires, London, Venedig, Kairo, Hamburg, Bremen, Lübeck, Kiel, Düsseldorf, Köln, Bonn, Kopenhagen, Amsterdam, Brüssel, Istanbul, Odessa, St. Petersburg, Karachi, Hanoi, Shanghai, Adelaide und viele andere Städte liegen bis zu 50m tief unter dem Meeresspiegel. Nur die Spitzen der größeren Hochhäuser sind noch zu sehen.

Durch die geringere Sonnenlicht-Reflektion durch die Erdflächen, die zuvor durch das Eis auf Grönland und der Antarktis bedeckt waren, erwärmt sich die Atmosphäre noch einmal zusätzlich.

Derzeit beträgt der Landanteil der Erdoberfläche 29,03% und der Anteil der Wasseroberfläche 70, 97%. Wenn alles Eis an den Polen, auf Grönland und in den Gletschern geschmolzen ist, würde das Wasser 75,18% der Erde bedecken und nur noch 24,82% der Erdoberfläche über den Meeresspiegel hinausragen.

Oder anders formuliert: Wenn alles Eis geschmolzen ist, versinken 14,51% der heutigen Landfläche der Erde im Meer – und das sind zum großen Teil die fruchtbaren und dicht bevölkerten Küstengegenden.

In der folgenden Graphik sind die überschwemmten Gebiete schwarz gekennzeichnet.

Nach der Überflutung durch das geschmolzene Eis in der Arktis, auf Grönland und in den Gebirgs-Gletschern sieht die neue Weltkarte dann wie folgt aus:

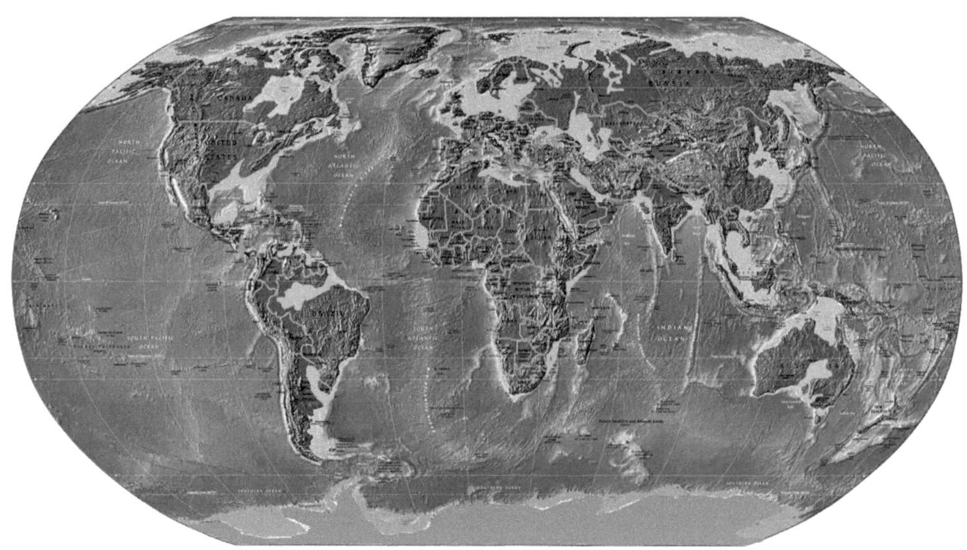

Nichts-Tun ist offensichtlich keine Option …

Wenn die Bevölkerungsexplosion – aus welchem Grund auch immer – nicht stattgefunden hätte und wir noch immer bei 1 Milliarde Menschen wären, würden sich diese Krisen auf eine 8-mal längere Zeit erstrecken … und würden teilweise erst gar nicht eintreten. Wenn die Menschheit nur 1 Milliarde Menschen umfassen würde, gäbe es weiterhin genügend Frischwasser, würden die fossilen Brennstoffe und das Uran noch 400 Jahre lang reichen, gäbe es genügend Zeit für eine Umrüstung auf regenerative Energien usw.

Doch die Situation ist anders: Wir sind 8 Milliarden Menschen und es werden noch immer mehr. Es ist an der Zeit, nicht von dieser Tatsache wegzuschauen und kollektiv einen möglichst weisen Entschluss zu fassen, der die absehbaren Krisen n den nächsten 80-100 Jahren schon jetzt so gut es geht, entschärft.

Das wäre mal eine wirklich gute Nachricht!

9. Neuausrichtung

Aus den bisherigen Betrachtungen – insbesondere denen im vorigen Kapitel – ergeben sich schon die Leitlinien für eine sinnvolle Neuausrichtung. Dies sind vor allem Punkte, die allesamt in internationaler Kooperation geklärt werden müssten – was bisher leider nicht die größte Stärke der Menschheit gewesen ist:

- die Klärung, wie am sinnvollsten mit dem noch immer andauernden Bevölkerungswachstum umgegangen werden sollte;

- die deutliche Verstärkung des Ausbaus von regenerativen Energien, insbesondere der Solarstrom-Erzeugung;

- die möglichst schnelle Reduzierung des CO^2-Ausstosses;

- einen großen Teil der Investition, die derzeit in die kostspieligen Raumfahrt-Projekte wie die erneute Reise zum Mond oder die bemannten Raumflüge zum Mars (oder in die Rüstung) gesteckt werden, für die Förderung der erneuerbaren Energien investieren;

- der Stopp der Abholung der Wälder und die Wiederaufforstung;

- eine sehr große Vorsicht bei der Weiterentwicklung der KI, da nach wie vor unklar ist, wie eine KI, die intelligenter als die Menschen ist, kontrolliert werden kann;

- und schließlich das Beenden der Kriege – was leider schon seit Jahrhunderten überfällig ist bzw. noch immer als „Fortsetzung der Politik mit anderen Mitteln" gesehen wird.

Bislang wird die Notwendigkeit dieser Neuausrichtung – insbesondere die Reduzierung des CO_2-Ausstosses – zwar von den meisten eingesehen, doch der Anteil der Kohle an der Energieerzeugung steigt trotzdem weiterhin: Der Kohlestrom lag 2024 um 11% höher als 2015, obwohl damals im Pariser Abkommen beschlossen wurde, die Kohleverbrennung zu reduzieren.

Neue Kohlekraftwerke sind vor allem in China gebaut worden. Andererseits ist China auch führend im Ausbau der regenerativen Energien.

Auf der Klimakonferenz in Dubai haben im Jahr 2023 130 Länder gemeinsam beschlossen, die Kohle-Verstromung zu beenden, doch bisher haben nur 5% dieser Länder überhaupt auch nur mal einen Zeitplan dafür vorgelegt – geschweige denn damit begonnen, die Kohle-Verstromung zu beenden.

Ein Problem ist auch die sehr unterschiedliche Verantwortung für den Verbrauch von Energie und somit für das Entstehen von CO_2:

    - Die 125 reichsten Milliardäre verursachen so viel CO_2 wie 1 Milliarde Menschen der ärmeren 90% der Weltbevölkerung – oder so viel wie ganz Frankreich.

    -Die 50 reichsten Milliardäre erzeugen jeweils in nur 90 Minuten mehr Treibhausgase, als ein Mensch im weltweiten Durchschnitt in seinem ganzen Leben.

    - Die beiden Privatjets von <u>Elon Musk</u> verursachen zusammen 5.497 Tonnen CO_2 pro Jahr. Dies entspricht den Emissionen von 8 Durchschnittsmenschen in deren gesamtem Leben – oder dem CO_2-Ausstoß von 70 Menschen, die zu den ärmsten 50% der Weltbevölkerung zählen, in deren ganzen Leben.

    - Wenn jeder Mensch so leben würde wie die 50 reichsten Menschen, wäre das Ziel, die Erhitzung der Erde auf 1,5 Grad zu begrenzen, bereits nach zwei Tagen vollkommen unerreichbar geworden.

- - -

Es gibt jedoch auch ein Phänomen, das ein wenig Hoffnung in dieser doch recht trüben Aussicht auf die nächsten 50 Jahre erlaubt:

Seit 30 Jahren besteht ein ständig wachsendes Interesse der Wissenschaftler an dem Bewusstsein und seinen Möglichkeiten. In den letzten 5 Jahren hat dieses Interesse noch einmal deutlich zugenommen, wodurch viele Wissenschaftler heute sehr viel offener für dieses Thema sind als vor 50 Jahren, als das Bewusstsein nur als ein irrelevantes Nebenprodukt der elektro-chemischen Prozesse im Gehirn angesehen worden ist. Dieses Interesse nimmt – wie bei solchen Phänomenen üblich – offenbar in Form einer e-Funktion zu und könnte bald zu einem allgemeinen Interesse anwachsen.

Es ist schon seit ca. 100 Jahren bekannt, dass es den Beobachter-Effekt („observer-effect") gibt. Kein Vorgang läuft unabhängig von der Beobachtung dieses Vorganges ab. Dies ist immerhin ein ganz kleines Tor zu der Ansicht „Bewusstsein beeinflusst Materie" gewesen, doch es war noch bei weitem zu klein, um eine Wirkung zu entfalten.

Die Durchführung von Experimenten, bei denen Licht durch Bewusstsein, also durch Absicht, Konzentration und Imagination beeinflusst wird, hat die Möglichkeiten des Bewusstseins dann ein wenig deutlicher gemacht. In diesen Experimenten scheint auch das Bewusstsein eine „Energie" zu haben und folglich eine „Kraft" ausüben zu können. Dabei wirkt das Bewusstsein direkt ohne Zuhilfenahme des Körpers auf die Materie.

Dadurch entstanden Fragen an das bisherige Weltbild und die Forschungen der Parapsychologie (Telepathie und Telekinese) sowie die seit Jahrtausenden aus der Magie bekannten Effekte wurden auf einmal plausibler.

Doch es dauerte einige Jahrzehnte bis weitere Experimente angestellt wurden, bei denen sich z.B. herausstellte, das Pflanzen, die mit geweihtem Wasser gegossen werden, besser gedeihen als Pflanzen, die mit einfachem Wasser gegossen werden. Auch die Förderung des Wachstums von Stammzellen mithilfe von Absicht, Imagination und Konzentration – also mithilfe von Magie – waren erfolgreich. Auch im Sport ist die Wirkung von Absicht, Imagination und Konzentration mittlerweile gut bekannt.

Diese Experimente werden, wenn sie allgemein bekannt gemacht, nachgemacht und ihrer Wirkung gesichert sein werden, eine große Wirkung haben.

In dem derzeitigen Standard-Weltbild laufen alle Prozesse über die Materie ab: Die Menschen arbeiten und konsumieren und wenn sie in einer Demokratie leben, dürfen sie auch von Zeit zu Zeit wählen gehen. In solch einem System läuft sehr viel im Verborgenen ab und die Menschen werden vorwiegend als Einzelwesen gesehen.

Wenn jedoch deutlich wird, dass es eine solche Bewusstseins-Energie und eine solche Bewusstseins-Kraft gibt, die auf direktem Wege die Materie beeinflussen kann, wird das dazu führen, dass die Menschen diese Möglichkeiten erforschen, was wiederum zu einer größeren Eigenständigkeit führen wird.

Das Üben von Absicht, Imagination und Konzentration – also Magie – führt zu einer größeren Bewusstheit und Eigenständigkeit. Das wiederum verbessert das Urteilsvermögen, wodurch die Menschen weniger anfällig für die vielen Täuschungen und manipulierenden Vereinfachungen in der Werbung, in der Politik und in den sozialen Medien werden. Es könnte sein, dass sie schließlich zu dem werden, was sie der Demokratie-Idee zufolge eigentlich schon immer sein sollten: zu mündigen Bürgern, die eine eigene, weitsichtige Meinung haben und die auch entsprechend handeln.

Aus einer solchen Klarheit heraus und aus dem Gefühl, schon durch das eigene Bewusstsein eine Wirkung in der Welt auslösen zu können, könnte durchaus ein deutlich stärkeres ökologisches Bewusstsein entstehen, das bei der Entscheidungsfindung auch die langfristigen Folgen des eigenen Handelns beachtet.

Meditation und Magie fördern die Wachheit – und das führt wiederum zur Einsicht auch in langfristige Notwendigkeiten, die ihrerseits die Entschlossenheit zum Handeln bewirkt.

Weiterhin ist Telepathie ein Phänomen, das die Einzelnen miteinander und mit der Welt als Ganzes verbindet. Die Bewusstheit, dass es diese Fähigkeit gibt, und die Entwicklung und Förderung dieser Fähigkeit wird daher auch zu einem wieder viel stärkeren Gefühl der Verbundenheit führen. Diese Verbundenheit mit der Welt ist vor 200 Jahren durch die Naturwissenschaften und die Industrialisierung verlorengegangen, da die Naturwissenschaften und die Technik alle Dinge als Einzelobjekte betrachten, die man zwar kombinieren kann, aber die dabei trotzdem immer Einzelobjekte bleiben.

Es ist anzunehmen, dass dieser Prozess, wenn er eine kritische Größe erreicht hat, auch eine Gegenwehr aus Handel und Politik auf den Plan rufen wird, denn Menschen, die sich ihrer Lage und ihrer Handlungsmöglichkeiten und ihrer Taten bewusst sind und die sich zudem als miteinander verbunden erleben, sind wesentlich schwieriger durch Werbung und Propaganda zu lenken.

Zudem ist es gut denkbar, dass dieser Prozess der Integration der Telepathie u.ä. Phänomene in den Alltag auch dazu führt, dass nicht mehr wie bisher sehr vieles geheim und verborgen bleibt, sondern dass alles aufgedeckt und bewusst wird.

Die Erforschung des Bewusstseins und seiner Möglichkeiten könnte wesentlich dazu beitragen, dass die Menschheit kollektiv erwachsen wird und die drohenden Krisen noch abwehren oder zumindest deutlich abmildern kann.

Menschen werden sich durch Parapsychologie, Meditation, Magie u.ä. ihrer Macht bewusst und werden dadurch eigenständiger, selbstbestimmter und lassen sich weniger durch andere beeinflussen. Sie erkennen auch durch Telepathie, Telekinese, Astrologie u.ä., dass alles mit allem zusammenhängt und alles auf alles andere wirkt. Das führt zwangsläufig zu der Auffassung des gesamten Lebens auf der Erde als eines einzigen großen Organismus. Dadurch entsteht eine ganz andere Haltung gegenüber der Welt und auch ein ganz anderes Selbstbild als heute: Der Einzelne ist eine lebendige Zelle in dem lebendigen, kollektiven Leib allen Lebens auf der Erde. Dieses Konzept wird schon seit einigen Jahrzehnten als „Gaia" bezeichnet.

Die Erkenntnis, dass auch Bewusstsein eine Form von Energie ist, die eine Kraft auf physische Dinge ausüben kann, hat das Potential, das Selbstbild, die Weltsicht und das kollektive Handeln der Menschen von Grund auf zu verändern.

Da die Menschen auf der Erde in vielen verschiedenen Zivilisationen, Regierungsformen, Kulturen, Religionen und Traditionen leben, wird diese neue Ausrichtung und das sich daraus ergebende verantwortungsvolle und daher auch ökologische Handeln vermutlich nach einem flexiblen Prinzip vonstattengehen:

„Einigkeit im Ziel – Vielfalt in den Wegen."

10. Realismus

Eine generelle Schwierigkeit den Menschen ist, dass sie sowohl individuell als auch kollektiv ziemlich häufig nicht den Tatsachen ins Auge sehen, sondern lieber die Augen vor dem Unangenehmen verschließen oder die Handlungen auf später verschieben oder hoffen, dass sich jemand anderes darum kümmern wird.

Mittlerweile (2024) ist seit Jahrzehnten bekannt, dass das Verbrennen von fossilen Energieträgern zu einer Klimakatastrophe führen wird, doch noch immer streiten sich alle Staaten auf den Klimakonferenzen darum, was zu tun ist, und manche Staaten – vor allem die Ölförderländer und die autoritär geführten Staaten – streben sogar danach, die bereits getroffenen Vereinbarungen wieder rückgängig zu machen.

Es fehlt einfach an Weitsicht und an der Bereitschaft, die Tatsachen anzuerkennen und dementsprechend zu handeln. Die Menschheit steckt noch immer in einem pubertären Verhalten fest, das nur den kurzfristigen eigenen Vorteil sieht, und hat zu einem großen Teil noch immer nicht die langfristigen Sichtweise entwickelt, die für ein erwachsenes Verhalten typisch ist.

- - -

Der Energieverbrauch der Menschheit wird nicht nur durch die Anzahl der Menschen bestimmt, sondern auch durch die Menge an Energie, die diese Menschen jeweils verbrauchen.

Folglich lässt sich der Gesamtenergieverbrauch auch dadurch senken, dass sich jeder auf die wesentlichen Dinge konzentriert und alle anderen Dinge, für deren Erzeugung oder Betrieb Energie gebraucht wird, verzichtet. Auf diese Weise könnte ein beträchtlicher Anteil an Energie – und an CO_2-Ausstoss – eingespart werden.

Dieser Ansatz ist in markwirtschaftlichen Systemen jedoch kaum durchführbar, weil in diesen Systemen die Regulierung dem Markt überlassen wird, d.h. dem Verhältnis von Angebot und Nachfrage. Das bedeutet praktisch, dass alles produziert, verkauft und benutzt wird, wofür ausreichend viele Menschen bereit sind, Geld zu bezahlen.

Für eine effektive Einsparung an Energie werden also entweder eine kollektive Einsicht in die Notwendigkeiten gebraucht, oder strenge Vorschriften, die von einem autokratischen System erlassen werden, oder eine grundsätzliche neue Regierungsform, die so konstruiert ist, dass sich in ihr nicht wie in der Marktwirtschaft und in den demokratischen Wahlen der Sieger in einem Konkurrenzverfahren durchsetzt, sondern in der sich die weiseste Entscheidung in einem Kooperations-Verfahren durchsetzt.

- - -

Im Vergleich zu der Verkleinerung der Zahl der Menschen ist die Reduzierung des Energieverbrauchs noch der einfachere Weg. Beides würde den CO_2-Ausstoss verringern.

Es gibt natürlich noch den dritten Weg, dass neue Techniken entwickelt werden, die weniger Energie benötigen oder aus einem anderen Grund den CO_2-Ausstoss reduzieren. Doch diese Techniken kann man erst benutzen, wenn sie bereits entwickelt worden sind. Bis dahin gar nichts zu tun ist ziemlich blauäugig – wer weiß, ob solche Techniken jemals entwickelt werden … Und angesichts der geringen Frist, die noch bleibt, bis die Kohle, das Erdöl, das Erdgas und das Uran verbraucht sein werden, ist ein solches „einfach mal abwarten" ein sträflicher Leichtsinn – wobei die Strafe darin bestehen kann, dass sich das Klima noch mehr erwärmt, dass die Erde teilweise überschwemmt wird, dass es Wasserknappheit gibt, dass die Bienen aussterben … die Liste dieser „Strafen" für das Nichtstun angesichts der derzeitigen bedrohlichen Lage ließe sich noch eine Weile fortsetzen …

- - -

Nur – wie kommt man individuell und kollektiv zu einem Realismus, der die Tatsachen akzeptiert auch wenn sie unangenehm sind und der dann auch entsprechend handelt?

Bisher haben die Menschen meistens erst dann reaktiv gehandelt, wenn es ausreichend wehgetan hat, und leider nicht prophylaktisch schon dann, wenn der zukünftige Schmerz absehbar eintreten wird.

Es ist sehr zu hoffen, dass die Menschen bei dem Thema „Energie" ein wenig vorrausschauender handeln werden. Immerhin steigt den Umfragen zufolge allmählich die Einsicht, dass es einen Klimawandel gibt, und auch das Vertrauen in die Aussagen der Wissenschaftler zu diesem Thema wird diesen Umfragen zufolge zusehends größer.

Vielleicht sind die Dürren, die Überschwemmungen und die Wirbelstürme, die ja in den letzten Jahren deutlich häufiger und heftiger geworden sind, doch schon ein ausreichender „Schmerz" dafür, dass bei den Menschen ein wenig Einsicht und schließlich auch eine Handlungsbereitschaft entsteht.

11. Gesamtkonzept

~~~

Das erste Drittel einer Veränderung ist die Erkenntnis, dass es nicht so weitergeht wie bisher – das zweite Drittel einer Veränderung ist die Erkenntnis und der Entschluss, wie es in Zukunft sinnvoller weitergehen sollte – und das dritte Drittel ist dann die Umsetzung dieser Erkenntnisse und Entschlüsse.

Es klingt vielleicht ein wenig absurd, aber die beiden ersten Drittel sind bereits seit 50 Jahren bekannt – seit 1972 das Buch „Die Grenzen des Wachstums" erschienen ist. Dieses Buch ist zwar anfangs heftig kritisiert worden, doch es war auch einer der Anfänge des ökologischen Denkens und seine Vorhersagen haben sich bisher – leider – ziemlich genau bestätigt.

Eine der grundlegenden Graphiken in dem Buch sieht wie folgt aus:

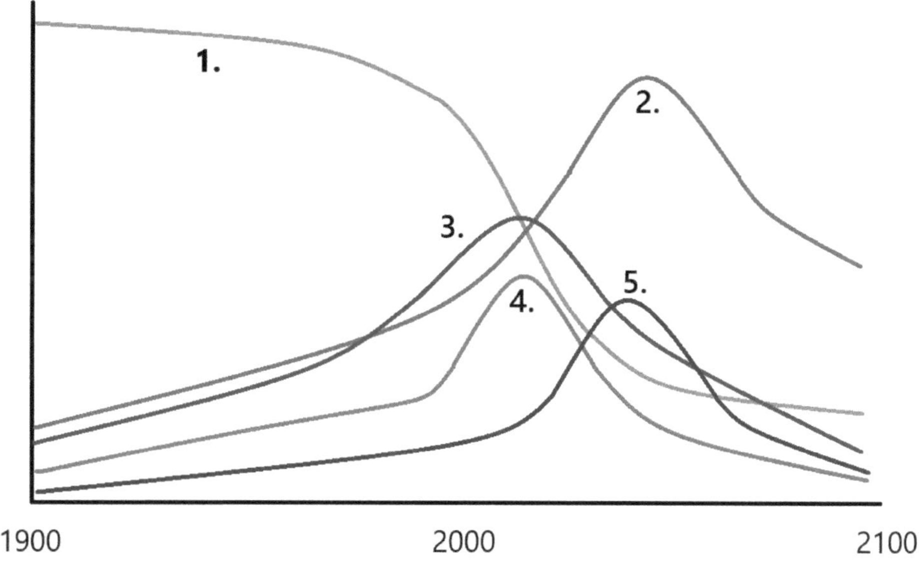

1. <u>Grün</u>: Die Ressourcen wie Rohstoffe, Wasser und fruchtbares Land werden in immer größerem Tempo verbraucht. Diese Entwicklung wird ab ca. 2030 deutlich (evtl. etwas später).
~~~

2. <u>Rot</u>: Die Bevölkerung wächst zunächst exponentiell, aber verringert sich dann aufgrund des Mangels von Nahrungsmitteln, Wasser und Rohstoffen in krisenhafter Form wieder.

3. <u>Blau</u>: Aufgrund der steigenden Bevölkerungszahl und der zunehmend erschöpften Ressourcen nehmen die Nahrungsmittel pro Kopf zwar zunächst zu, doch dann, wenn die Ressourcen erschöpft sind, drastisch ab.

4. <u>Grau</u>: Dasselbe gilt für die Industrieerzeugnisse.

5. <u>Braun</u>: Die Umweltverschmutzung steigt in demselben Maß wie die Produktion und erreicht ihren Höhepunkt kurz nach der Erschöpfung der Ressourcen. Danach nimmt sie wieder ab, da auch die Produktion sinkt.

Diese Kurven sind anfangs e-Funktionen, d.h. sie steigern sich immer mehr – bis sie einen Gipfelpunkt erreicht haben, an dem das System zusammenbricht und das Weiterleben der Menschen auf einem viel niedrigeren Niveau – in etwa das des Mittelalters – fortgeführt werden muß. Dies liegt daran, dass die Erde dann zum einen überbevölkert sein wird, und zum anderen daran, dass die Ressourcen aufgebraucht werden sein werden.

- - -

Die Schlussfolgerung daraus, dass die Rohstoffe, die Landwirtschaftsfläche, das Wasser, die Energie usw. auf der Erde begrenzt sind, erfordert eine Lebensform und eine Wirtschaftsform, die so konzipiert ist, dass es nicht zu einem Zusammenbruch kommt, weil es einige oder viele Ressourcen einfach nicht mehr gibt – nicht nur Kohle, Erdöl und Erdgas, sondern auch verschiedene Metalle, Wasser und fruchtbarer Boden. Zudem muß das Schmelzen des Eises an den Polen und in den Gletschern vermeiden werden, da sonst 15% der Erde – vor allem die fruchtbaren und dicht bevölkerten Küstenstreifen – überschwemmt werden.

Die Voraussetzung für solch eine Lebensform und Wirtschaftsform ist einfach: Es dürfen keine Rohstoffvorräte verkleinert werden, keine Landwirtschaftsflächen durch Raubbau verringert werden und keine Ressourcen unbenutzbar gemacht werden. Das bedeutet zweierlei:

1. Alle Erzeugnisse müssen vollständig recycelt werden und
2. alle Energie muß erneuerbar sein.

Im Grunde kann man ganz schlicht sagen, dass die fünf Werte in der eben angeführten Graphik – also Ressourcen, Bevölkerungszahl, Nahrungsmittel, Industrieerzeugnisse und Umweltverschmutzung – entweder konstant bleiben müssen oder sich so verändern müssen, dass das Gesamtsystem stabil bleibt.

1. Grün: Die Ressourcen dürfen nicht erschöpft werden, d.h. sie werden entweder vollständig recycelt oder es werden nur nachwachsende Rohstoffe verwendet.

2. Rot: Die Zahl der Menschen auf der Erde darf nur so groß sein, das ein stabiles System des Lebens auf der Erde möglich ist. Idealerweise sollte diese Zahl sogar noch ein gutes Stück kleiner sein, um Spielraum für unerwartete Ereignisse und Entwicklungen zu haben.

3. Blau: Die Versorgung mit Nahrungsmitteln, Wasser, Wohnraum usw. sollte für alle ausreichend. Das hängt von dem Verhältnis zwischen den Ressourcen und der Bevölkerungszahl ab.

4. Grau: Dasselbe gilt für die Industrieerzeugnisse. Sie müssen vollständig recycelbar sein oder aus nachwachsenden Rohstoffen hergestellt werden, da sie sonst früher oder später erschöpft sein werden. Dasselbe gilt auch für die Energieerzeugung, die daher vor allem auf Sonnenlicht, Wind und Wasser beruhen muß.

5. Braun: Die Umweltverschmutzung und die sich daraus ergebende Klimaerwärmung, die Überflutung von 15% der Erde sowie das Artensterben muß auf ein Minimum verringert werden, das so klein ist, dass es die Stabilität des Systems nicht beeinträchtigt.

Das bedeutet in der graphischen Darstellung, dass die derzeitigen e-Funktionen, die den Ressourcen-Verbrauch, die Bevölkerungsexplosion, die Herstellung von Nahrungsmitteln und Industrieprodukten sowie die Umweltverschmutzung abbilden,

 1. abgebremst werden müssen,
 2. auf ein stabiles Maß reduziert werden müssen und dann
 3. zu konstanten Größen werden müssen.

Das würde dann graphisch in etwa wie folgt aussehen:

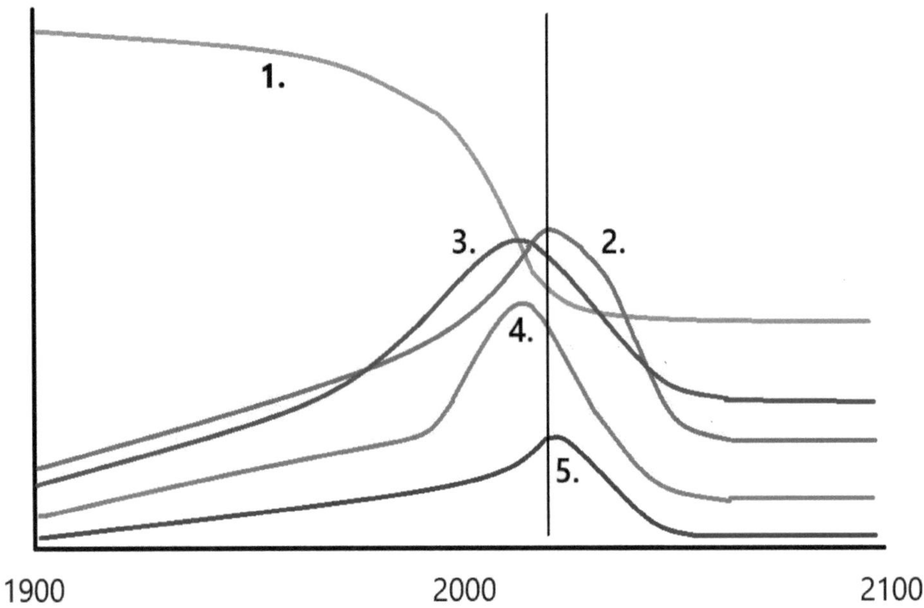

1. **Grün**: Ressourcen

2. **Rot**: Bevölkerung

3. **Blau**: Versorgung mit Nahrungsmitteln, Wasser, Wohnraum

4. **Grau**: Versorgung mit Industrieprodukten

5. **Braun**: Umweltverschmutzung

Der schwarze senkrechte Strich markiert den Zeitpunkt des Umdenkens und der entschlossenen Veränderung der kollektiven Lebensweise und Wirtschaftsweise der Menschen.

- - -

Bei einem deutlich früheren Zeitpunkt wäre der Übergang zu dem stabilen, nachhaltigen System natürlich sowohl einfacher als auch effektiver gewesen, da dann z.B. die Rohölvorräte nicht verbrannt, sondern als Rohstoffe für die Produktion von Waren erhalten geblieben wären – doch den Zeitpunkt haben wir bereits verpasst. Zudem ist auch der hier angegebene Zeitpunkt für das große Umdenken und das entschlossenen Handeln – das Jahr 2025 – leider noch immer in einem völlig unbegründeten Ausmaß optimistisch, da z.B. die Nutzung der fossilen Brennstoffe noch immer ansteigt und ebenso das Artensterben noch immer ein verheerendes Ausmaß hat.

Die Schwierigkeit der Lösung des Probelms der Überbevölkerung der Erde – das ist die alles prägende Kurve in dieser Graphik – ist dabei noch gar nicht miteinbezogen worden.

Die oben angegebene Graphik zeigt nicht genauen Verlauf der Kurven, sondern nur das allgemeine Prinzip: Das Wachstum der Kurven muß gebremst werden und alle diese Kurven, die voneinander abhängen, müssen auf eine stabile, konstante Größe gebracht werden:

Nachhaltigkeit statt Wachstum.

Natürlich ist solch ein stabiles System nicht vollkommen statisch, sondern innerhalb der Grenzen der Stabilität beweglich. So hängt z.B. die Menge an Nahrungsmitteln davon ab, wieviel Prozent der Landwirtschaftsfläche durch den Anstieg des Meeres, der durch die Klimaerwärmung und die Eisschmelze an den Polen und in den Gletschern bedingt ist, überschwemmt werden. Wenn das Klima wieder abkühlt und die vollständige Eis-Schmelze noch verhindert werden kann, können mehr Nahrungsmittel produziert werden und folglich auch mehr Menschen auf der Erde leben. Fortschritte in der Recyclingtechnik und die Einführung des „LEGO-Prinzips" in der Technik, das es ermöglicht, die Einzelteile einer Maschine wiederzuverwenden, könnten die Menge an produzierten Waren erhöhen.

Das Grundprinzip dieser Lebens- und Wirtschaftsform ist nicht Starre, sondern Nachhaltigkeit: Es darf nichts getan werden, was den zukünftigen Generationen einen schlechteren Lebensstandard als uns heute aufzwingen würde.

Die hier dargestellten Zusammenhänge werden bereits seit 50 Jahren immer wieder vorgetragen, doch der kurzsichtige Egoismus, der den Menschen bisher sowohl individuell als auch kollektiv zu weiten Teilen zu eigen zu sein scheint, hat das Ziehen der Konsequenzen aus diesen Einsichten weitgehend vermieden – obwohl man sagen kann, dass das Bewusstsein für die anstehenden Probleme in den letzten Jahren deutlich gewachsen ist.

- - -

Letztlich wird auf jeden Fall ein Zustand erreicht werden, in dem die fünf in den beiden Graphiken bereits dargestellten Kurven stabil sein werden, d.h. graphisch gesehen waagerecht verlaufen werden.

Dies liegt daran, dass die Menschen entweder erwachsen geworden sind und ein vollkommen nachhaltiges Wirtschaftssystem entwickelt haben, oder eben daran, dass sie alle nicht nachwachsenden Rohstoffe verbraucht haben und nun damit auskommen müssen, was es an nachwachsenden Rohstoffen gibt.

Es ist also nicht die Frage, **ob** wir einen solchen stabilen Zustand erreichen werden, sondern nur, **wie** wir diesen Zustand erreichen werden, was wiederum davon abhängt, **wann** wir ihn erreichen.

Im Einzelnen:

- Wenn wir Kohle, Erdöl, Erdgas und Uran verbraucht haben, ist nur noch die regenerative Energiegewinnung möglich.

Die Frage ist also, ob wir die Zeit, in der wir noch nicht-regenerative Energieträger haben, dafür nutzen, regenerative Energiegewinnungsmethoden zu entwickeln und in ausreichendem Maße herzustellen und zu installieren.

Das bestimmt die Menge an Energie, die nach dem Erschöpfen der nicht-regenerativen Rohstoffe zur Verfügung steht.

- Wenn wir Kohle, Erdöl, Erdgas und Uran als Energieträger verbraucht haben, stehen uns Kohle und Erdöl nicht mehr für die Produktion von Waren, also als Warenrohstoff (Plastik, Chemikalien, Medikamente usw.) zur Verfügung.

Die Frage ist also, ob wir die Zeit, die wir noch bis zum vollständigen Verbrauch von Erdöl und Kohle haben, dafür nutzen, die regenerativen Energiegewinnungsmethoden so schnell zu realisieren, dass wir nicht das gesamte Erdöl und die gesamte Kohle einfach nur verbrennen.

Das bestimmt die Menge an Erdöl und Kohle, die wir anschießend noch für die Produktion von Waren zu Verfügung haben. Anderenfalls stehen uns nur pflanzliche Öle zur Verfügung, die eine große Anbaufläche benötigen, um sie in den Mengen zu produzieren, in denen wir heute Erdöl für die Produktion von Waren verwenden.

- Wenn wir die Klimaerwärmung und die durch sie bedingte Überflutung aller flachen Küstengebiete nicht rechtzeitig stoppen, werden alle Ackerflächen und alle Städte in diesen Gebieten überflutet.

Die Frage ist also, ob es uns gelingt, die Klimaerwärmung möglichst früh zu stoppen.

Das bestimmt zum einen die Größe an landwirtschaftlich nutzbaren Flächen und zum anderen bedingt es auch die Umsiedlung von vermutlich mindestens 1 Milliarde Menschen, die zuvor in den fruchtbaren und Städte-reichen flachen Küstengebieten gelebt habent – eine Migration von einem ganz neuem Ausmaß.

- Wenn wir durch die Klimaerwärmung, die Umweltverschmutzung und den von Tieren bewohnbaren Bereich weiter reduzieren, kommt es zu einem noch einmal verstärkten Artensterben.

Die Frage ist, ob wir diese Zerstörung der Natur rechtzeitig genug beenden, um diesen drastischen Artenschwund, der den Folgen eines Meteoriteneinschlags gleichkommt, stoppen können.

Das bestimmt die Menge an Pflanzen- Tier- und Pilzarten, die es zukünftig auf der Erde noch gibt. Davon hängt wiederum ab, wie stabil das Gesamtökosystem auf der Erde bleibt. Es gibt auch hier kritische Punkte wie z.B. das Aussterben der Bienen, die derzeit die meisten Nahrungspflanzen bestäuben. Zudem ist jedes Tier, jede Pflanzen und jeder Pilz auch ein möglicher Lieferant für ein Medikament. Die früheren Katastrophen auf der Erde zeigen, dass immer zuerst die großen, räuberisch lebenden Tiere ausgestorben sind, die ganz oben an der Nahrungspyramide stehen – das wären heute ganz eindeutig wir Menschen. Wir sind die am stärksten gefährdete Art auf der Erde …

Wenn die Bevölkerungsexplosion weiterhin ungehindert ansteigt, wird die Krise umso schneller kommen: doppelt so viele Menschen = doppelt so hoher Verbrauch = nur halb so viel Zeit, bis alle Ressourcen verbraucht sind.

Die Frage ist also, wann wir uns dazu entschließen, noch mit einem Rest an Ressourcen-Reichtum eine nachhaltige Wirtschaftsweise zu entwickeln und umzusetzen.

Das bestimmt die Menge an nicht-regenerativen Rohstoffen, die dann anschließend in der nachhaltigen Wirtschaftsform noch zur Verfügung stehen – oder ob wir gleich auf einem Mittelalter-Niveau weitermachen müssen, in dem wir vor allem Holz, Lehm, Stroh und Eisen zur Verfügung haben – allerdings keine Kohle mehr zum Schmelzen des Eisens.

In dieser Weise gibt es dieselben Zusammenhänge auch bei vielen anderen Themen wie z.B. den Kriegen, die riesige Mengen an unwiederbringlichen Ressourcen vernichten.

Wir stehen also vor der Wahl zwischen einem erwachsenen und zwar anstrengenden, aber noch halbwegs komfortablem Weg, der auch noch unseren Kindern und Enkelkindern ein Leben auf halbwegs hohem Niveau ermöglicht, oder dem pubertären und noch ein paar Jahrzehnte lang halbwegs angenehmen, aber danach katastrophalen Weg, auf dem die Menschheit aufgrund von Nahrungs-, Wasser- und Rohstoffmangel drastisch schrumpfen wird und ein hartes Leben führen muß.

Vermutlich wird in beiden Fällen nach ein paar Jahrhunderten schließlich ein Leben auf einem wieder erhöhten Niveau möglich, wenn die nachhaltigen Produktions- und

Wirtschaftsmethoden voll entwickelt worden sind. Doch die jetzigen Entscheidungen bestimmen, von welchem Niveau diese Entwicklung ausgehen wird: bei dem erwachsenen Verhalten ungefähr von dem heutigen Wohlstands-Durchschnitt aus oder bei dem pubertären Verhalten von einem Wohlstand, der in etwa dem des Mittelalters entsprechen wird.

Drastische Maßnahmen heute würden uns einen Kampf um Land, Nahrung, Wasser und Rohstoffe in der nahen Zukunft ersparen – die heutige Migration und das Erstarken egoistischer, nationalistischer und protektionistischer Tendenzen in der Politik ist nur ein kleiner Vorgeschmack auf das, was kommen wird, wenn die Rohstoffe, die nicht-regenerativen Energieträger und vielleicht durch die Küstenüberflutung auch das fruchtbare Ackerland knapp wird.

Es gab ja schon einige Kriege, in denen es nur um die Sicherung von Rohstoffquellen ging wie dem Irak-Krieg (Erdöl) und teilweise wohl auch in dem Ukraine-Krieg (Getreide).

Diese Betrachtung sind keine „Orgie an dystopischen Visionen", sondern der wahrscheinlichste Verlauf der Geschichte, wenn es uns nicht gelingt, rechtzeitig den kollektiven Übergang von der Pubertät zum Erwachsensein zu schaffen.

Die Frage, **wann** wir zu einem ökologischen Wirtschaftssystem und einer ökologischen Lebensweise übergehen, entscheidet darüber, auf welchem Niveau sich das stabile System dann befinden wird – ob auf einem hohen, noch recht angenehmen Wohlstandsniveau oder auf einem niedrigen, recht unangenehmen Wohlstandsniveau.

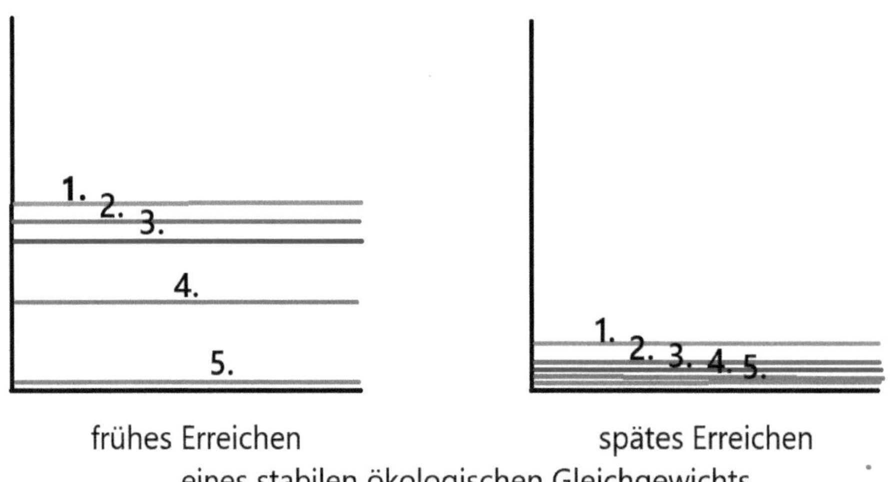

frühes Erreichen   spätes Erreichen
eines stabilen ökologischen Gleichgewichts

1. <u>Grün</u>: Ressourcen
2. <u>Rot</u>: Bevölkerung
3. <u>Blau</u>: Versorgung mit Nahrungsmitteln, Wasser, Wohnraum
4. <u>Grau</u>: Versorgung mit Industrieprodukten
5. <u>Braun</u>: Umweltverschmutzung

Der Unterschied zwischen den beiden Graphiken wird durch zwei Faktoren bewirkt:

- zum einen durch die verbliebenen Ressourcen und

-zum anderen durch den bei dem frühen Erreichen des ökologischen Gleichgewichts halbwegs friedlichen und „weichen" Übergang bzw. durch den bei dem späteren Erreichen des ökologischen Gleichgewichts bürgerkriegsähnlichen und „harten" Übergang.

Bei dem frühen, „weichen" Übergang kommt es zu einer „ökologischen Gesellschaft", bei dem späteren, „harten" Übergang kommt es hingegen zu einer deutlich ärmeren „Gesellschaft auf mittelalterlichem Niveau".

- - -

Ein weiterer prägender Einfluss dabei, wie sich die Lage weiterentwickeln wird, sind die verschiedenen Kippunkte:

- Wenn durch die Klimaerwärmung, die Unterschiede der Meerestemperatur zwischen dem Äquator und den Polen deutlich geringer werden, lösen sich der Golfstrom und ähnliche Meeresströmungen auf. Das bedeutet, dass dann keine Wärme mehr vom Äquator zu den Polen gebracht wird, was wiederum bedeutet, dass sich die Temperaturen an den beiden Enden des Golfstroms ändern werden: In Europa wird es kälter und in der Karibik wird es heißer werden, was für beide Bereiche ein Problem sein wird.

- Wenn einzelne Tierarten aussterben, kann das das gesamte Ökosystem in Wanken bringen. Das bekannteste Beispiel dafür sind die Bienen, die fast alle Nahrungspflanzen des Menschen bestäuben.

- Wenn die Temperaturen weiter steigen, taut der Permafrostboden in Sibirien, Nordkanada und Alaska auf und setzt das CO2, das dort in dem gefrorenen Boden gebunden ist, frei, was wiederum die Klimaerwärmung beschleunigt.

- Das Abholen der Regenwälder in Brasilien und der Nadelwälder in Nord-Eurasien und Kanada/Alaska wird den Sauerstoffgehalt der Luft deutlich reduzieren. Denselben Effekt hat das Erwärmen der Meere, durch den ein Teil des Sauerstoff-produzierenden Planktons absterben wird.

- Der Monsun, der bisher der Sahelzone und Indien den Regen bringt, könnte durch die Klimaerwärmung gestört werden oder ganz aufhören.

- Der möglicherweise größte Kipppunkt hängt jedoch von der Entscheidung der Menschen ab, das als Eis auf dem Meeresboden liegenden Methan-Hydrat abzubauen und als Brennstoff zu nutzen. Einerseits wird durch das Verbrennen CO2 frei, andererseits wird bei dem Abbau und der Verbrennung auch unabsichtlich größere Mengen Methan frei werden – und Methan ist ein noch wirksameres Treibhausgas als CO2.

Durch das weitere Ansteigen der Temperaturen wird auch das Meer wärmer und das Methaneis am Meeresboden wird schmelzen und in die Atmosphäre gelangen und die Klimaerwärmung deutlich beschleunigen.

Da es deutlich mehr Kohlenstoff in diesem Methanhydrat als in allen Kohle-, Erdöl- und Erdgas-Vorkommen auf der Erde gibt, wird durch den Abbau und die Verbrennung von Methanhydrat die fossile Energieversorgung zwar vielleicht sogar hundert Jahre länger reichen, aber die Erderwärmung wird auf Jahrtauende hin unumkehrbar werden, Teile der Erde werden zur Würste werden, und das Eis an den Polen und in den Gebirgen wird mit Sicherheit schmelzen und dadurch die flachen Küstengebiete – 15% der Erdoberfläche – überfluten.

Zudem zerstört Methan die Ozonschicht, die wir gerade durch das Verbot von FCKW und ähnlichen Treibhausgasen gerettet haben. Ohne die Ozonschicht wird das krebserregende UV-Licht nicht mehr durch das Ozon in das Weltall zurück reflektiert.

Es ist also von großer Bedeutung, welche Entscheidungen wir treffen, denn nach dem Erreichen eines dieser Kipppunkte haben wir anschließend kein Wahl mehr in unseren Handlungsmöglichkeiten, sondern müssen mit den Konsequenzen leben.

- - -

All diese Zusammenhänge sind schon seit mindestens 50 jahren bekannt und wurden auch immer wieder vorgetragen:

1. Die Begrenztheit der Erde

„Auf einer begrenzten Erde ist grenzenloses Wachstum nicht möglich.“

(Die Grenzen des Wachstums, 1972)

„Wenn die gegenwärtige Zunahme der Weltbevölkerung, der Industrialisierung, der Umweltverschmutzung, der Nahrungsmittelproduktion und der Ausbeutung von natürlichen Rohstoffen unverändert anhält, werden die absoluten Wachstumsgrenzen auf der Erde im Laufe der nächsten hundert Jahre erreicht. Mit großer Wahrscheinlichkeit führt dies zu einem ziemlich raschen und nicht aufhaltbaren Absinken der Bevölkerungszahl und der industriellen Kapazität.“

(Die Grenzen des Wachstums, 1972)

(=> diese Grenzen werden also ca. 2072 erreicht werden)

„Nachhaltigkeit bedeutet: Es gibt kein weiter so. Wir brauchen für ein gutes Leben nicht immer mehr Ressourcen und Energie.“

(Bundeskanzlerin Dr. Angela Merkel, 2007)

„Wenn alle Menschen auf der Erde so leben würden wie die Deutschen, bräuchten wir die Ressourcen von drei Planeten.“

(Prof. Meinhard Miegel, Ökonom, 2010)

„In diesen letzten fünfzig Jahren hat sich die Weltbevölkerung mehr als verdoppelt, hat sich der Konsum mehr als verzehnfacht, haben sich die ökologischen Bedingungen der Welt dramatisch verschlechtert.“

(Ernst Ulrich von Weizäcker, 2022)

2. Die Notwendigkeit einer neuen Sichtweise

„Man kann ein Problem nicht mit der gleichen Denkweise lösen, mit der es erschaffen wurde.“

(Albert Einstein, ca. 1950)

„Das Wirtschaftssystem ist eher der Grund unserer Probleme und nicht ihre Lösung. Unsere Vorschläge dürften für die demokratische Mehrheit der Wähler sehr attraktiv sein, denn so gut wie alle Maßnahmen schaffen nicht nur langfristig eine bessere Welt, sondern auch kurzfristig unmittelbare Vorteile für die meisten Menschen.“

(Die Grenzen des Wachstums, 1972)

Die allumfassende Krise unterscheidet sich *„in ihrem Charakter"* wesentlich von früheren darin, *„dass sie nicht von offensichtlich bösen Menschen und Mächten verursacht, sondern durch Entwicklungen herbeigeführt wird, die wir vielfach heute noch als Ausdruck menschlichen Fortschritts, ja als Sieg über die den Menschen gesetzten natürlichen Beschränkungen und Grenzen empfinden. Hierdurch gewinnt die Krise den Aspekt des Unentrinnbaren, wenn die Menschheit ihre Wertvorstellungen und Ziele nicht ändert."*

(Eduard Pestel, 1972)

„Unsere gegenwärtige Situation ist so verwickelt und so sehr Ergebnis vielfältiger menschlicher Bestrebungen, dass keine Kombination rein technischer, wirtschaftlicher oder gesetzlicher Maßnahmen eine wesentliche Besserung bewirken kann. Ganz neue Vorgehensweisen sind erforderlich, um die Menschheit auf Ziele auszurichten, die anstelle weiteren Wachstums auf Gleichgewichtszustände hin führen".

(Die Grenzen des Wachstums, 1972)

„Wachstum um des Wachstums willen ist die Ideologie der Krebszelle."

(Edward Abbey, ca. 1975)

„Wirtschaftswachstum macht Staaten so süchtig wie Heroin uns."

(James Lovelock, 2006)

„Wenn wir den Zusammenbruch der menschlichen Zivilisation verhindern wollen, brauchen wir nichts Geringeres als eine Umwälzung der herrschenden kulturellen Muster."

(Erik Assadourian, Director Worldwatch Institute, 2010)

„Die Demokratie steckt in der Wachstumsfalle. Das 21. Jahrhundert wird entweder ein Jahrhundert der Nachhaltigkeit oder ein Jahrhundert der Ausgrenzung, Gewalt und Verteilungskonflikte."

(Michael Müller, 2010)

„Wer heute nicht die Fragen für übermorgen stellt, wird morgen ohne Antworten dastehen."

(Unbekannt)

3. Das Prinzip der Gleichgewichts

„Das dynamische Gleichgewicht, da geht es in erster Linie darum, dass man die Nachhaltigkeit miteinbezieht. Weil die Wirtschaftssysteme im Grunde ja nicht wirklich im Gleichgewicht sind, obwohl sie das ja von der Ökonomie her behaupten, dass man sagt: Angebot und Nachfrage ist im Gleichgewicht. Hier geht es aber darum, dass man die Nachhaltigkeit, den Umweltschutz mit einbezieht, dass man dieses dynamische Gleichgewicht entwickelt. Dieser nachhaltige Pfad heißt eben, dass man die Umweltschäden und alle Klimaschäden mit einpreist in das Wirtschaftssystem. Dass man sich genau anschaut, welche stabilen Gleichgewichte tatsächlich auftreten können, wenn man es schafft, die Nachhaltigkeit in das System mit einzubeziehen.“

(Eduard Pestel, 1972)

„Ein buddhistischer Ökonom würde die Versuchsanordnung, ein Maximum an Glück durch ein Maximum an Konsum zu finden, für widersinnig halten: Da Konsum nichts anderes ist als ein Mittel zum Glück des Menschen, sollte das Ziel sein, ein Maximum an Glück mit einem Minimum an Konsum zu erhalten.“

(Ernst Friedrich Schumacher, britischer Ökonom, 1973)

„Leben, arbeiten und wirtschaften mit der Natur und nicht mehr länger gegen die Natur ist unser großer Lernprozess.“

(Dalai Lama, Interview mit Franz Alt, 2004*)*

„Für Naturkapital gilt dasselbe wie für Menschen-gemachtes Kapital: Wir müssen von den Zinsen leben und dürfen es nicht verzehren.“

(Memorandum Ökonomie für den Naturschutz, 2009)

„Wachstumsinteressen haben historisch (fast) immer das Streben nach Gerechtigkeit besiegt, Wachstum war ein Ersatz für Gerechtigkeit. Doch wenn der Klimawandel als existentielles Stabilitäts- und Gerechtigkeitsproblem – und damit als Klimakatastrophe – begriffen wird, dann könnten die Grenzen des Wachstums verstärkt Beachtung finden, dann wird zumindest ein Ergrünen der globalen Wirtschaft – ein „Global Green New Deal“ – möglich.

(Prof. Udo E. Simonis, Professor, 2010)

„Der Wertewandel zugunsten nachhaltiger Konsummuster ist individuell und kollektiv vernünftig. Er kann jedoch nur gelingen, wenn möglichst viele gesellschaftliche Kräfte ihren Teil beitragen. Auch die Kirchen sind in diesem Feld seit langem engagiert."

(Die katholischen Bischöfe Deutschlands, 2011)

4. Technische Lösungsversuche

„Technologische Lösungsversuche allein haben zwar die Periode des Wachstums von Bevölkerung und Industrie verlängert, erwiesen sich aber offensichtlich als ungeeignet, die endgültigen Grenzen des Wachstums zu beseitigen."

(Die Grenzen des Wachstums, 1972)

„Die lange Kette menschlicher Erfindungen hat bis jetzt zu Überbevölkerung, Zerstörung der Umwelt und zu größerer sozialer Ungleichheit geführt, da die Wirkung erhöhter Produktivität wieder durch das Wachstum von Bevölkerung und Kapital aufgehoben wurde."

(Die Grenzen des Wachstums, 1972)

5. Einsichtsfähigkeit

„Wie ist doch die Welt so voll von Dingen, die ich nicht brauche."

(Sokrates, ca. 420 v.Chr.)

„Die Menschen meinen, fünf Söhne seien nicht zuviel und jeder Sohn habe fünf Söhne; wenn der Großvater stirbt, hat er fünfundzwanzig Nachkommen. Deshalb gibt es immer mehr Menschen und ihr Reichtum schwindet dahin; sie arbeiten hart für geringen Lohn."

(Han Fei-Tzu, ca. 250 v.Chr.)

„Wir alle sollten uns um die Zukunft sorgen, denn wir werden den Rest unseres Lebens dort verbringen."

(Charles F. Kettering, amerikanischer Industrieller, ca. 1930)

„Geld haben ist schön, solange man nicht die Freude an Dingen verloren hat, die man nicht mit Geld kaufen kann.“

(Salvador Dalí, ca. 1960)

„Wenn die Menschheit wartet, bis die Belastungen und Zwänge offen zutage treten, hat sie – wegen der zeitlichen Verzögerungen im System – zu lange gewartet.“

(Die Grenzen des Wachstums, 1972)

„So seltsam es klingt: Wir sind nicht durch unsere Grausamkeit gegenüber allem Leben gefährdet, sondern durch unseren Normalverbrauch, multipliziert mit der Kopfzahl der Menschen.“

(Dirk C. Fleck, 1993)

„Man muss gar nicht radikal denken und handeln, um es mit radikalen Ergebnissen zu tun zu bekommen. Für gewöhnlich reicht die pure Ignoranz der Gefahr, um sich ihr unversehens gegenüber zu sehen.“

(Dirk C. Fleck, 1993)

„Die Menschen sind Zukunftsatheisten – sie glaubten nicht an das, was sie wissen.“

(Peter Sloterdijk, ca. 2000)

„Die Tage des Konsums ohne Nachdenken sind vorbei. Der Klimawandel zeigt uns auch, dass das alte Modell mehr als überholt ist.“

(UN-Generalsekretär Ban Ki Moon, 2011)

6. Besitz ist nicht dasselbe wie Glück

„Sammle deinen Reichtum, ohne seine Quellen zu zerstören, dann wird er beständig zunehmen.“

(Siddhartha Gautama Buddha, 600 v.Chr.)

„Nicht wer wenig hat, sondern wer viel wünscht, ist arm.“

(Seneca, röm. Philosoph, ca. 40 n.Chr.)

„Die Welt hat genug für jedermanns Bedürfnisse, aber nicht für jedermanns Gier.“

(Mahatma Gandhi, ca. 1920)

„Im Fall des konsumistischen Paradigmas gehören zu den Grundüberzeugungen, die geändert werden müssten, der Glaube, dass mehr Dinge glücklicher machen, dass permanentes Wachstum gut ist, dass Menschen von der Natur völlig getrennt sind und dass die Natur ein Ressourcenlager ist, das für menschliche Zwecke rücksichtslos ausgebeutet werden sollte.“

(Erik Assadourian, Director Worldwatch Institute, 2010)

„Was ist es eigentlich, das Menschen glücklich macht? Eine glückliche Ehe, sinnvolle Arbeit, Freunde, Teilhabe an Gemeinschaften sind sicherlich größere Glückskomponenten als der Verbrauch von materiellen Gütern.“

(Ernst Ulrich von Weizsäcker, 2010)

- - -

Was derzeit gebraucht wird – oder im Grunde schon vor 50 Jahren gebraucht wurde – ist klar: *Nachhaltigkeit statt Wachstum.*

Doch seit 50 Jahren ergreifen wir nicht in ausreichendem Maße die Initiative, um nicht nur unsere Energieerzeugung auf eine nachhaltige Produktion umzustellen, und ebenso auch alle anderen Bereiche, die zu dem absehbaren Zusammenbruch unseres Wirtschaftssystems führen.

12. Betroffenheit

$$\mathrm{H}$$

Fast alles, was in diesem Buch bisher beschrieben worden ist, sind keine neuen Erkenntnisse, sondern Zusammenhänge, die seit spätestens 1972 bekannt sind.

Menschen kümmern sich jedoch vor allem um die Dinge, die ihnen nah sind – zum einen nah in Bezug auf ihren Lebensumkreis („direkt erlebbar") und zum anderen in zeitlicher Hinsicht („dringend"). Daraus ergibt sich eine generelle Nichtbeachtung der zukünftigen globalen Entwicklungen und eine Vernachlässigung der damit verbundenen Bedrohungen.

Dieser Zusammenhang ist bereits in „Die Grenzen des Wachstums" beschrieben und auch graphisch dargestellt worden:

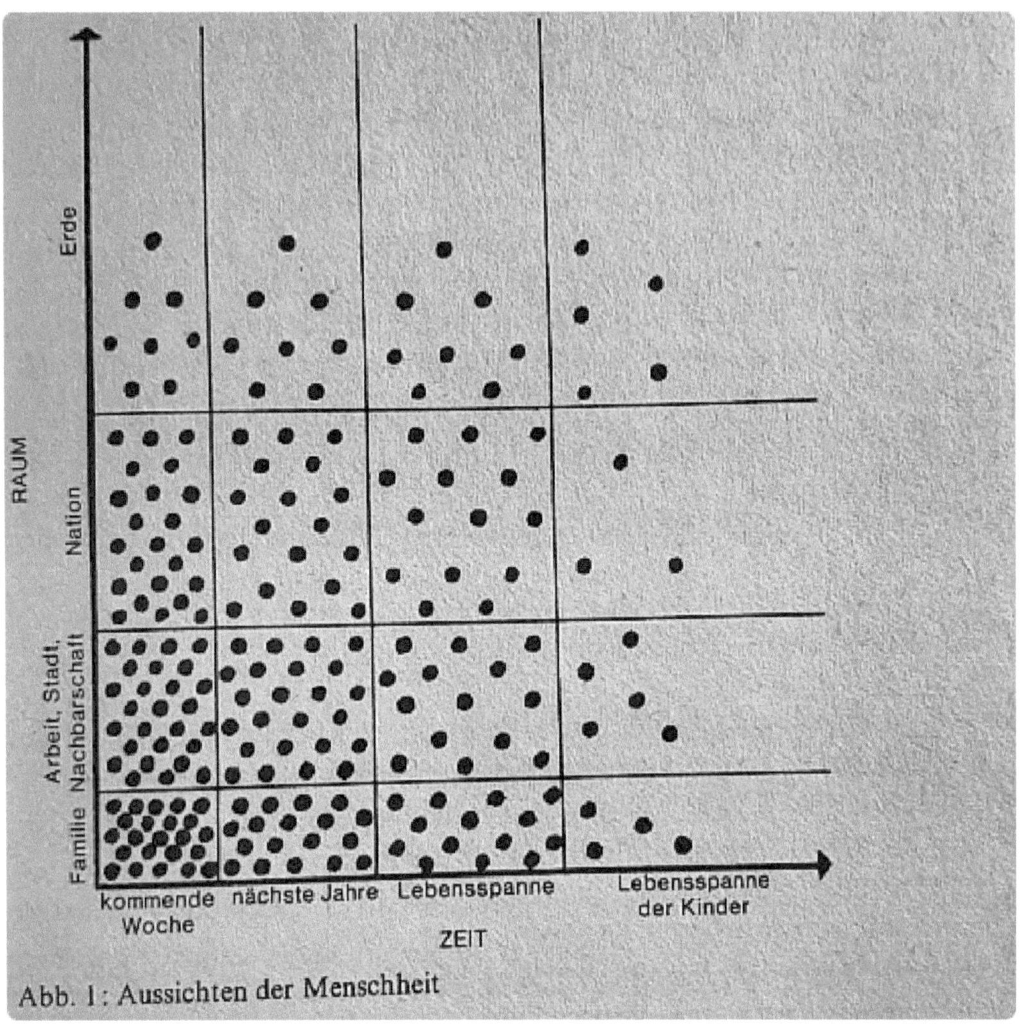

Abb. 1: Aussichten der Menschheit

Die Frage ist nun, wie es gelingen kann, den Prozess des kollektiven Erwachsenwerdens so zu beschleunigen, dass uns ein einigermaßen „weicher" Übergang von dem derzeitigen pubertären marktwirtschaftlich-industriellen Zeitalter zu dem erwachsenen „ökologischen Zeitalter" gelingt.

Die Ausdehnung des Radius, den die individuelle und die kollektive Einsichtsfähigkeit der Menschen erfassen kann, ist eine mühsame Angelegenheit – sie entspricht dem ebenfalls oft recht mühsamen Erwachsenwerden und dem Gründen einer Familie.

Wie kann man den Bereich der räumlichen, zeitlichen und emotionalen Betroffenheit so ausdehnen, dass daraus auch sinnvolle Handlungen entstehen? Letztlich wohl nur durch Einsicht. Diese Einsicht beginnt in der Regel nur durch Katastrophen vor der eigenen Haustüre wie z.B. durch die Flut an der Ahr im Jahr 2021, die ein ganzes Tal in Deutschland verwüstet und viele Todesopfer gefordert hat.

Bislang haben diese ersten Vorboten der Folgen der Klimaerwärmung zwar zu einer größeren Nachdenklichkeit und zu einer etwas größeren Aufmerksamkeit in der Klimadebatte geführt, aber noch nicht zu einer so großen Unruhe, dass deshalb von den Menschen kollektiv von der Politik ein entschiedenes Handeln gefordert wird.

Es steht zu hoffen, dass für dieses Umdenken nicht erst ein dauerhaftes „Land unter" in Hamburg, Lübeck, Bremen, Amsterdam, Rotterdam, Kopenhagen, Venedig, New York und anderen Hafenstädten oder das Aussterben der Bienen notwendig ist – denn dann ist es zu spät für einen „weichen" Übergang zu einer Wirtschaftsform, die vollständig auf regenerativen Energien und Rohstoffen basiert – dann wird es zu einem „harten" Übergang kommen, der zumindest teilweise einen bürgerkriegsähnlichen oder kriegsähnlichen Verlauf haben wird und während dem es zu Migrationen von deutlich mehr als 15% der Menschen kommen wird.

- Die ersten, die diese Einsichten hatten – und die daraufhin das Buch „Die Grenzen des Wachstums" geschrieben haben – waren Wissenschaftler und Professoren. Diese Einsichten sind teilweise verspottet worden und teilweise ernst genommen worden.

- Als nächstes sind durch Menschen aus den verschiedensten Zusammenhängen und Berufen die „grünen Parteien" gegründet worden, die ausdrücklich den Umweltschutz, den Klimaschutz, das Beenden des Artensterbens, die Förderung regenerativer Energie und Rohstoffe angestrebt haben. Diese Parteien haben zwar im Laufe der Zeit ein gewisses Umdenken auch bei den meisten anderen Parteien bewirkt, aber bislang noch keine tiefgehenden Veränderungen herbeiführen können. Immerhin bewegt sich durch die „grünen Parteien" allmählich etwas.

- In etwa zur gleichen Zeit sind Bio-Bauernhöfe, Bioläden, Umweltschutzverbände, Solarfirmen, Windradfirmen und andere praktische Ansätze entstanden.

- Einige Staaten, in denen die grünen Parteien sehr stark sind wie in Deutschland, sowie einige Staaten, die autoritär geführt werden wie China, fördern die regenerativen Energien mittlerweile mit mehr oder weniger großem Nachdruck.

- Die Klimakonferenzen haben zwar die allgemeine Einsicht in die Zusammenhänge und in die Notwendigkeiten gefördert, da die wissenschaftlichen Analysen und Klimamodelle mittlerweile kaum noch zu ignorieren sind, aber es gibt nach wie vor einen heftigen Streit über die konkreten Maßnahmen und über ihre Finanzierung.

- Es gibt auch erste Ansätze, diese Erkenntnisse in den Schulen zu thematisieren, doch auch das hat bisher noch nicht zu einem allgemeinen, grundlegenden Umdenken geführt. Doch immerhin existiert dieses Thema mittlerweile auch an den Schulen.

- Die Katastrophen (Dürren, Überschwemmungen, Wirbelstürme) haben bisher nur eine mittelfristige Wirkung von ca. einem Jahr gehabt, die sich u.a. in der verstärkten Popularität der grünen Parteien in diesem Zeitraum gezeigt hat.

- In der Politik ist das Ökologie-Thema im weitesten Sinne zwar mittlerweile weit verbreitet, aber es fehlt noch immer an der Bereitschaft – oder an der politischen Möglichkeit – weiter als bis zur nächsten Wahl zu schauen.

Man kann aber auch nicht sagen, dass sich gar nichts tut – nur ist die Veränderung, wenn man alle möglichen Szenarien des politischen Verhaltens der Regierungen zu Ende denkt, noch immer zu langsam.

Doch es gibt ja auch Ansätze, die ein wenig optimistischer stimmen wie der ständig steigende Anteil an regenerativen Energien.

Der politische Alltag wird jedoch noch immer vom Populismus und von dem Blick auf die nächste Wahl in 4 Jahren bestimmt. Ein erwachsen-kooperativer Ansatz müsste Entscheidungen jedoch für mindestens die nächsten 50-100 Jahre treffen, was sowohl in autoritär geführten Staaten als auch in Demokratien nicht gerade typisch ist.

Es könnte sein, dass mit dem Wandel der pubertären industriell-marktwirtschaftlichen Lebensform zu der erwachsenen ökologisch-nachhaltigen Lebensform auch ein Wandel der Regierungsformen verbunden sein wird – ganz einfach deshalb, weil mehr Kooperation zwischen den Parteien und auch zwischen den Staaten notwendig ist. Die UNO und die Klimakonferenzen sind ein erster Ansatz, aber durchaus noch ausbaufähig.

- - -

Zum Abschluss noch ein paar aufmunternde Statistiken:

1. Energieerzeugung

2023 sahen sahen die Anteile der verschiedenen Arten der Energieerzeugung weltweit wie folgt aus:

29,8% Erdöl
24,9% Kohle
21,9% Erdgas
6,8% Biomasse
6,0% Wasserkraft
3,7% Kernkraft
3,6% Solarenergie
3,3% Windkraft

Der Anteil insbesondere der Solarenergie scheint allmählich ein exponentielles Wachstum zu erreichen.

2. Anteil Öko-Strom

Da Strom am leichtesten mithilfe von regenerierbaren Energiequellen herstellbar ist, ist der Anteil an Öko-Strom teilweise schon recht hoch:

- Die folgenden Ländern versorgen sich mittlerweile zu 100% mit Strom aus regenerativer Energie: Äthiopien, Albanien, Bhutan, die Demokratische Republik Kongo, Island, Lesotho, Nepal, Paraguay und die Zentralafrikanische Republik.

- Die folgenden Länder versorgen sich mit über 90% mit Strom aus regenerier-barer Energie: Costa Rica, Eswatini, Kenia, Luxemburg, Malawi, Namibia, Norwegen, Sierra Leone und Uganda.

- Die folgenden Länder versorgen sich hingegen mit weniger als 2% mit Strom aus regenerierbaren Energie (kleine Inselstaaten sind nicht mit aufgeführt): Algerien, Bahamas, Bahrain, Bangladesh, Belarus, Benin, Bermuda, Bots-wana, Brunei, Dschibuti, Eritrea, Gambia, Guyana, Haiti, Hongkong, Katar, Kuba, Kuwait, Libyen, Malta, Mongolei, Nigeria, Oman, Qatar, Saudi-Arabien, Singapur, Togo, Trinidad und Tobago, Turkmenistan, vereinigte Arabische Emirate, Westsahara und Yemen.

- In Deutschland beträgt der Anteil der regenerativen Energien am Strommix 51,8%.

3. Preis für Solar-Strom

Der Preis für die Erzeugung einer kWh Strom mithilfe von Solarpanelen ist seit dem Beginn 1976 soweit gesunken, dass Solarstrom mittlerweile der billigste Strom überhaupt ist. In diesem Fall hat der technische Fortschritt sehr große Auswirkungen gehabt.

1976	83,26 €		2015	0,60 €
1980	30,60 €		2016	0,56 €
1985	14,10 €		2017	0,47 €
1990	10,11 €		2018	0,41 €
1995	7,13 €		2019	0,38 €
2000	5,43 €		2020	0,31 €
2005	3,98 €		2021	0,26 €
2010	2,06 €			

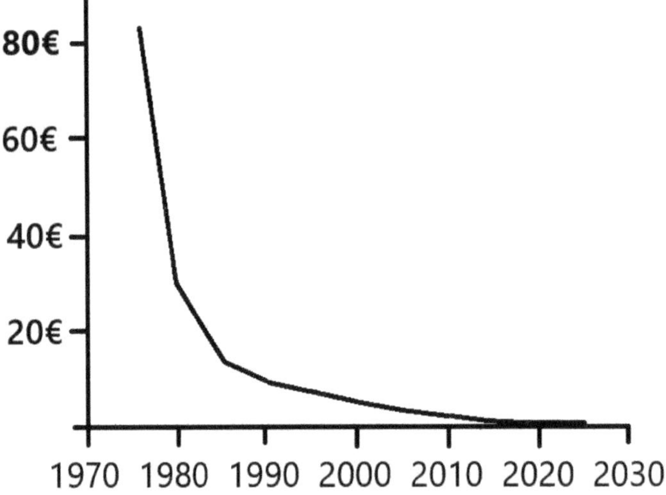

Auch diese Kurve ist eine e-Funktion, aber eine, die von einem hohen Wert schnell auf einen niedrigeren Wert fällt und dann langsam immer weiter sinkt. Die anfänglichen Verbesserungen haben große Einsparungen gebracht und die späteren Verbesserungen dann immer kleinere Einsparungen – wobei der Preis der Stromerzeugung dabei mittlerweile wirklich sehr gering geworden ist. Das hat dann auch zu dem Boom im Ausbau der Solarenergie geführt – Solarstrom ist einfach bei weitem am billigsten.

Bücher von Harry Eilenstein

Magie für Anfänger
- Telepathie für Anfänger (60 S.)
- Telepathie für Fortgeschrittene (52 S.)
- Telekinese für Anfänger (52 S.)
- Analogien für Anfänger (56 S.)
- Omen und Orakel für Anfänger (52 S.)
- Lebenskraft für Anfänger (60 S.)
- Meditation für Anfänger (56 S.)
- Kundalini für Anfänger (100 S.)
- Hypnose für Anfänger (56 S.)
- Kampfmagie für Anfänger (172 S.)
- Auto-Movement für Anfänger (56 S.)
- Chakra-Magie für Anfänger (148 S.)
- Astralreisen für Anfänger (56 S.)
- Astrologie für Anfänger (120 S.)
- Astrologische Quadrate für Fortgeschrittene (72 S.)
- Partnerhoroskope für Anfänger (100 S.)
- Silberschnüre für Anfänger (52 S.)
- Zaubersprüche für Anfänger (60 S.)
- Ritual-Magie für Anfänger (56 S.)
- Mandalas für Anfänger (68 S.)
- Geldzauber für Anfänger (56 S.)
- Liebeszauber für Anfänger (52 S.)
- Invokationen für Anfänger (52 S.)
- Evokationen für Anfänger (60 S.)
- Geister für Anfänger (52 S.)
- Elfen für Anfänger (56 S.)
- Magie-Forschung für Anfänger (140 S.)
- Magie-Romantik für Anfänger (60 S.)
- Selbsterkenntnis für Anfänger (52 S.)
- Einweihungen für Anfänger (60 S.)
- Drogen-Kabbala für Anfänger (216 S.)
- Zahlensymbolik für Anfänger (60 S.)
- Die Sprache des Mondes – für Anfänger (116 S.)
- Zaubergesänge für Anfänger (100 S.)
- Zukunftschau für Anfänger (60 S.)
- Schamanismus für Anfänger (52 S.)
- Schwitzhütten für Anfänger (52 S.)
- Magische Gegenstände für Anfänger (68 S.)
- Übertragungen für Anfänger (68 S.)
- Zaubertränke für Anfänger (64 S.)
- Magie-Gesten für Anfänger (252 S.)
- Da'ath-Magie für Anfänger (64 S.)
- Magie-Heilungen für Anfänger (68 S.)
- Kornkreise für Anfänger (348 S.)
- Feng Shui für Anfänger (96 S.)
- Tao für Anfänger (112 S.)
- Magie für Anfänger – Sammelband   I (696 S.)
- Magie für Anfänger – Sammelband   II (664 S.)
- Magie für Anfänger – Sammelband   III (580 S.)
- Magie für Anfänger – Sammelband   IV (700 S.)
- Magie für Anfänger – Sammelband   V (676 S.)
- Magie für Anfänger – Sammelband   VI (640 S.)

Magie
- Handbuch für Zauberlehrlinge (408 S.)
- Wie man das Pentagramm-Ritual zum Leben erweckt (308 S.)
- Tarot (104 S.)
- Physik und Magie (184 S.)
- Die Synthese von Physik und Magie (200S.)
- Die Magie-Formel (156 S.)
- Schwarze Löcher in der Magie (56 S.)
- Krafttiere – Tiergöttinnen – Tiertänze (112 S.)
- Schwitzhütten (524 S.)
- Mythen und Magie der Harfe (116 S.)
- Drei Adeptus Major Rituale (192 S.)
- Drei Adeptus Exemptus Rituale (120 S.)
- Zwei Infans Abyssi Rituale (128 S.)

Traumreisen
- Traumreisen zu Heilpflanzen (700 S.)
- Traumreisen zum kabbalistischen Lebensbaum (132 S.)

Meditation
- Der Lebenskraftkörper (230 S.)
- Die Chakren (100 S.)
- Das Chakren-System mit den Nebenchakren (296 S.)
- Organe und Chakren (64 S.)
- Die platonischen Körper in den Chakren (156 S.)
- Meditation (140 S.)
- Drachenfeuer (124 S.)
- Kundalini I (676 S.)
- Kundalini II (672 S.)
- Reinkarnation (156 S.)
- einsgerichtet (140 S.)

Astrologie
- Astrologie (496 S.)
- Photo-Astrologie (428 S.)
- Die astrologischen Aspekte (88 S.)
- Horoskop und Seele (120 S.)

Kabbala
- Kursus der praktischen Kabbala (150 S.)
- Eltern der Erde (450 S.)
- Blüten des Lebensbaumes:
    1. Die Struktur des kabbalistischen Lebensbaumes (370 S.)
    2. Der kabbalistische Lebensbaum als Forschungshilfsmittel (580 S.)
    3. Der kabbalistische Lebensbaum als spirituelle Landkarte (520 S.)
- Logik und Wirkung der Analogie (700 S.)

Eilenstein, Frater V.D., Knecht, Büdenbender
- Magie heute – Berichte aus der Praxis (288 S.)

Büdenbender, Eilenstein
- Chaos, Alk und Magic (436 S.)

<u>**Germanen**</u>

1. Die Entwicklung der germanischen Religion (556S.)
2. Lexikon der germanischen Religion (576S.)
3. Der ursprüngliche Göttervater Tyr (584S.)
4. Tyr in der Unterwelt: der Schmied Wieland (228S.)
5. Tyr in der Unterwelt: der Riesenkönig 1 (448S.)
6. Tyr in der Unterwelt: der Riesenkönig 2 (452S.)
7. Tyr in der Unterwelt: der Zwergenkönig (304S.)
8. Der Himmelswächter Heimdall (140S.)
9. Der Sommergott Baldur (228S.)
10. Der Meeresgott: Ägir, Hler und Njörd (176S.)
11. Der Eibengott Ullr (148S.)
12. Die Zwillingsgötter Alcis (292S.)
13. Der neue Göttervater Odin 1 (672S.)
14. Der neue Göttervater Odin 2 (160S.)
15. Der Fruchtbarkeitsgott Freyr (320S.)
16. Der Chaos-Gott Loki (608S.)
17. Der Donnergott Thor (600S.)
18. Der Priestergott Hönir (76S.)
19. Die Göttersöhne (204S.)
20. Die unbekannteren Götter (248S.)
21. Die Göttermutter Frigg (220S.)
22. Die Liebesgöttin: Freya und Menglöd (424S.)
23. Die Erdgöttinnen (212S.)
24. Die Korngöttin Sif (104S.)
25. Die Apfel-Göttin Idun (144S.)
26. Die Hügelgrab-Jenseitsgöttin Hel (288S.)
27. Die Meeres-Jenseitsgöttin Ran (112S.)
28. Die unbekannteren Jenseitsgöttinnen (384S.)
29. Die unbekannteren Göttinnen (308S.)
30. Die Nornen (328S.)
31. Die Walküren (636S.)
32. Die Zwerge (424S.)
33. Der Urriese Ymir (220S.)
34. Die Riesen (384S.)
35. Die Riesinnen (368S.)
36. Mythologische Wesen (280S.)
37. Mythologische Priester und Priesterinnen (220S.)
38. Sigurd/Siegfried (672S.)
39. Helden und Göttersöhne (628S.)
40. Die Symbolik der Vögel und Insekten (496S.)
41. Die Symbolik der Schlangen, Drachen und Ungeheuer (616S.)
42.a Die Symbolik der Herdentiere 1 (448S.)
42.b Die Symbolik der Herdentiere 2 (304S.)
43. Die Symbolik der Raubtiere (372S.)
44. Die Symbolik der Wassertiere und sonstigen Tiere (164S.)
45. Die Symbolik der Pflanzen (192S.)
46. Die Symbolik der Farben (124S.)
47. Die Symbolik der Zahlen (640S.)
48. Die Symbolik von Sonne, Mond und Sternen (596S.)
49.a Das Jenseits 1 – Das Hügelgrab (428S.)
49.b Das Jenseits 2 – Der Jenseitsweg (484S.)
50. Astralreise, Seelenvogel, Utiseta und Einweihung (420S.)
51. Wiederzeugung und Wiedergeburt (476S.)
52. Elemente der Kosmologie (412S.)
53. Der Weltenbaum (324S.)
54. Die Symbolik der Himmelsrichtungen und der Jahreszeiten (276S.)
55.a Mythologische Motive 1 – Aufbau (492S.)
55.b Mythologische Motive 2 – Vorgänge (480S.)
56. Der Tempel (397S.)
57. Die Einrichtung des Tempels (696S.)
58. Priesterin – Seherin – Zauberin – Hexe (428S.)
59. Priester – Seher – Zauberer (300S.)
60. Rituelle Kleidung und Schmuck (140S.)
61. Skalden und Skaldinnen (92S.)
62. Kriegerinnen und Ekstase-Krieger (224S.)
63. Die Symbolik der Körperteile (340S.)
64.a Magie und Ritual 1 – Magie (608S.)
64.b Magie und Ritual 2 – Kult (592S.)
64.c Magie und Ritual 3 – Heilung (192S.)
65. Gestaltwandler (316S.)
66.a Magische Angriffs-Waffen (660S.)
66.b Magische Verteidigungs-Waffen (328S.)
67. Magische Werkzeuge und Gegenstände (348S.)
68. Zaubersprüche (340S.)
69. Göttermet (416S.)
70. Zaubertränke (72S.)
71. Träume, Omen und Orakel (284S.)
72. Runen (252S.)
73. Sozial-religiöse Rituale (328S.)
74. Weisheiten und Sprichworte (540S.)
75. Kenningar (664S.)
76. Rätsel (160S.)
77. Die vollständige Edda des Snorri Sturluson (512S.)
78. Frühe Skaldenlieder (224S.)
79.a Mythologische Sagas 1 (488S.)
79.b Mythologische Sagas 2 (372S.)
80. Hymnen an die germanischen Götter (684S.)

<u>nicht Teil der Germanen-Reihe:</u>
- Odin (300 S.)

<u>Kelten</u>
- Cernunnos (690 S.)
- Taliesin (228 S.)
- Der Kessel von Gundestrup (220 S.)
- Der Chiemsee-Kessel (76)

<u>Inder</u>
- Dakini (80 S.)
- Vajra (76 S.)

<u>Griechen</u>
- Pan (336 S.)
- Poseidon (668 S.)

die „Anfänger"-Reihe
- The Synthesis of Physics and Magic (192 p.)
- Telepathy for Beginners (60 p.)
- Telepathy for Advanced Learners (52 p.)
- Telekinesis for Beginners (56 p.)
- Life Force for Beginners (76 p.)
- Kundalini for Beginners (104 p.)
- Astral Projection for Beginners (60 p.)
- Meditation for Beginners (60 p.)
- Prophecy for Beginners (60 p.)
- Ritual Magic for Beginners (64 p.)
- Magic Chant for Beginners (108 p.)
- Invocations for Beginners (52 p.)
- Evocations for Beginners (62 p.)
- Auto-Movement for Beginners (60 p.)
- Elves for Beginners (56 p.)
- Hypnosis for Beginners (56 p.)
- Love Magic for Beginners (52 p.)
- Money Magic for Beginners (60 p.)
- Magic Objects for Beginners (64 p.)
- Shamanism for Beginners (52 p.)
- Chakra-Magic for Beginners (148 p.)
- Language of the Moon – for Beginners (128 p.)
- Self Knowledge for Beginners (60 p.)
- Da'ath-Magic for Beginners (64 p.)
- Astrology for Beginners (112 p.)
- Number Symbolism for Beginners (64 p.)
- Mandalas for Beginners (76 p.)
- Crop Circles for Beginners (344 p.)
- Feng Shui for Beginners (96 p.)
- Magic Research for Beginners (140 p.)
- Magic for Beginners – Anthology I (636 p.)
- Magic for Beginners – Anthology II (616 p.)
- Magic for Beginners – Anthology III (684 p.)
- Magic for Beginners – Anthology IV (580 p.)

Eilenstein, Frater V.D., Knecht, Büdenbender
- Living Magic (261 S.) (= „Magie heute")

sonstige englische Ausgaben
- The Biography of the Devil (140 S.)
- The Synthesis of Physics and Magic (192 S.)
- The Chakra-System with the Minor Chakras (304 S.)